Linux

常用命令自学手册

刘遄 编著

人民邮电出版社

北 京

图书在版编目（CIP）数据

Linux常用命令自学手册 / 刘遄编著. -- 北京：人
民邮电出版社，2023.11（2023.11重印）
ISBN 978-7-115-62625-7

Ⅰ．①L… Ⅱ．①刘… Ⅲ．①Linux操作系统—手册
Ⅳ．①TP316.89-62

中国国家版本馆CIP数据核字(2023)第171056号

内 容 提 要

  本书根据 www.linuxcool.com 上的命令使用频率和读者反馈，精心挑选了 200 条最常用的 Linux 命令进行简要介绍，旨在帮助读者每天学习一条命令，持之以恒，稳扎稳打精通 Linux 系统的使用。本书中的命令涵盖了 Linux 中的文件管理、文档编辑、系统管理、磁盘管理、文件传输、网络通信、设备管理、压缩备份等诸多内容，同时还涵盖了一些杂项命令，并提供了一些扩展知识。

  本书内容简洁、准确、实用，旨在成为读者的案头工具书，成为读者学习 Linux 系统的好帮手。本书可供 Linux 系统管理人员、Linux 初学人员、Linux 爱好者学习使用。

◆ 编　著　刘　遄
  责任编辑　傅道坤
  责任印制　王　郁　胡　南

◆ 人民邮电出版社出版发行　　北京市丰台区成寿寺路 11 号
  邮编　100164　　电子邮件　315@ptpress.com.cn
  网址　https://www.ptpress.com.cn
  固安县铭成印刷有限公司印刷

◆ 开本：787×1092　1/16
  印张：15.75　　　　　　2023 年 11 月第 1 版
  字数：375 千字　　　　2023 年 11 月河北第 4 次印刷

定价：50.00 元

读者服务热线：(010)81055410　印装质量热线：(010)81055316
反盗版热线：(010)81055315
广告经营许可证：京东市监广登字 20170147 号

前言

本书的准备工作最早可以追溯到 2016 年。当年在编写《Linux 就该这么学》的过程中，我深深感受到了 Linux 命令的强大魅力——Linux 的高效、便捷是远非图形化界面操作所能比拟的。但是苦于 Linux 中的命令数量众多，如果把每条命令的详细介绍都纳入《Linux 就该这么学》，恐怕图书的篇幅和厚度能劝退好多人。于是，我注册了一个全新的网站 linuxcool.com（取自谐音名"Linux 库"），将日常用到的 Linux 命令收集、整理到该网站上。

到 2018 年时，随着《Linux 就该这么学》的读者数量突破十万，社群用户量破百万，大家对该书配套资料的呼声也越来越高。我深刻认识到编写一本全面、实用、高品质的 Linux 命令手册的重要性。说干就干！我立即发动整个团队开展了相关的工作，整理、完善了 1500 条左右的 Linux 命令。

在 2021 年，由于众所周知的原因，我开始居家办公，因此有了更充裕的时间。在接下来的两年里，我和整个团队再一次对 Linux 命令进行了更为细致的汇总和整理，最终收集的 Linux 命令超过 3000 条，几乎覆盖了所有主流的 Linux 系统。

在 2023 年初，我们依据 www.linuxcool.com 网站的访问量及大量读者的反馈，精心挑选了 200 条常用的命令，最终形成本书，旨在帮助读者每天学好一条命令，稳扎稳打，持之以恒，最终精通 Linux 命令的使用。我们还针对这些命令词条，进行了多次精细化的修改、校对工作，确保了它们的准确性。我们所做的一切都是希望本书能够成为您案头必备的 Linux 工具书，成为您学习 Linux 系统的好帮手。

在此，也向团队中的成员由衷地表示感谢！他们是逄增宝、张宏宇、张振宇、王浩、郭建鹏、倪家兴、姜显赫、张雄、吴向平、冯瑞涛、王华超、吴康宁、杨斌斌、何云艳、王艳敏、向金平、姜传广、薛鹏旭、王婷。在我们共同的努力之下，Linux 系统的自学门槛又一次得以降低。这是我们的骄傲！

最后，再叮嘱一句，由于各位读者使用的 Linux 系统不尽相同，它们可能存在诸多特性差异，由此会导致实际使用的命令参数与图书中的不一致，请各位读者务必以实际为准。

道阻且长，行则将至，加油！

资源与支持

资源获取

本书提供如下资源：

- 额外 165 条 Linux 命令资源；
- 异步社区 7 天 VIP 会员。

要获得以上资源，您可以扫描下方二维码，根据指引领取。

提交勘误

作者和编辑尽最大努力来确保书中内容的准确性，但难免会存在疏漏。欢迎您将发现的问题反馈给我们，帮助我们提升图书的质量。

当您发现错误时，请登录异步社区（https://www.epubit.com/），按书名搜索，进入本书页面，点击"发表勘误"，输入勘误信息，点击"提交勘误"按钮即可（见下图）。本书的作者和编辑会对您提交的勘误进行审核，确认并接受后，您将获赠异步社区的 100 积分。积分可用于在异步社区兑换优惠券、样书或奖品。

图书勘误				✎ 发表勘误
页码： 1		页内位置（行数）： 1		勘误印次： 1

图书类型： ● 纸书　○ 电子书

添加勘误图片（最多可上传4张图片）

[+]

[提交勘误]

全部勘误　　我的勘误

与我们联系

我们的联系邮箱是 fudaokun@ptpress.com.cn。

如果您对本书有任何疑问或建议，请您发邮件给我们，并请在邮件标题中注明本书书名，以便我们更高效地做出反馈。

如果您有兴趣出版图书、录制教学视频，或者参与图书技术审校等工作，可以发邮件给我们。

如果您所在的学校、培训机构或企业，想批量购买本书或异步社区出版的其他图书，也可以发邮件给我们。

如果您在网上发现有针对异步社区出品图书的各种形式的盗版行为，包括对图书全部或部分内容的非授权传播，请您将怀疑有侵权行为的链接发邮件给我们。您的这一举动是对作者权益的保护，也是我们持续为您提供有价值的内容的动力之源。

关于异步社区和异步图书

"异步社区"(www.epubit.com)是由人民邮电出版社创办的 IT 专业图书社区，于 2015 年 8 月上线运营，致力于优质内容的出版和分享，为读者提供高品质的学习内容，为作译者提供专业的出版服务，实现作者与读者在线交流互动，以及传统出版与数字出版的融合发展。

"异步图书"是异步社区策划出版的精品 IT 图书的品牌，依托于人民邮电出版社在计算机图书领域 30 余年的发展与积淀。异步图书面向 IT 行业以及各行业使用 IT 技术的用户。

目录

ls 命令：显示目录中文件及其属性信息

ls 命令来自英文单词 list 的缩写，中文译为"列出"，其功能是显示目录中的文件及其属性信息，是最常使用的 Linux 命令之一。

默认不添加任何参数的情况下，ls 命令会列出当前工作目录中的文件信息，常与 cd 或 pwd 命令搭配使用，十分方便。带上参数后，我们可以做更多的事情。作为最基础、最频繁使用的命令，有必要仔细了解其常用功能。

语法格式：ls 参数 文件名

常用参数

-a	显示所有文件及目录	-r	依据首字母将文件以相反次序显示
-A	不显示当前目录和父目录	-R	递归显示所有子文件
-d	显示目录自身的属性信息	-S	依据内容大小将文件排序显示
-i	显示文件的 inode 属性信息	-t	依据最后修改时间将文件排序显示
-l	显示文件的详细属性信息	-X	依据扩展名将文件排序显示
-m	以逗号为间隔符，水平显示文件信息	-color	以彩色显示信息

参考示例

显示当前目录中的文件名（默认不含隐藏文件）：

```
[root@linuxcool ~]# ls
anaconda-ks.cfg  Documents   initial-setup-ks.cfg  Pictures  Templates
Desktop          Downloads   Music                 Public    Videos
```

显示当前目录中的文件名（含隐藏文件）：

```
[root@linuxcool ~]# ls -a
.                 .bashrc    Documents              Music       Videos
..                .cache     Downloads              Pictures    .viminfo
anaconda-ks.cfg   .config    .esd_auth              .pki
.bash_history     .cshrc     .ICEauthority          Public
.bash_logout      .dbus      initial-setup-ks.cfg   .tcshrc
.bash_profile     Desktop    .local                 Templates
```

以详细信息模式输出文件名及其属性信息：

```
[root@linuxcool ~]# ls -l
total 8
-rw-------. 1 root root 1430 Dec 14 08:05 anaconda-ks.cfg
drwxr-xr-x. 2 root root    6 Dec 14 08:37 Desktop
drwxr-xr-x. 2 root root    6 Dec 14 08:37 Documents
drwxr-xr-x. 2 root root    6 Dec 14 08:37 Downloads
-rw-r--r--. 1 root root 1585 Dec 14 08:34 initial-setup-ks.cfg
```

```
drwxr-xr-x. 2 root root    6 Dec 14 08:37 Music
drwxr-xr-x. 2 root root    6 Dec 14 08:37 Pictures
drwxr-xr-x. 2 root root    6 Dec 14 08:37 Public
drwxr-xr-x. 2 root root    6 Dec 14 08:37 Templates
drwxr-xr-x. 2 root root    6 Dec 14 08:37 Videos
```

显示指定目录中的文件列表：

```
[root@linuxcool ~]# ls /etc
adjtime              hosts              pulse
aliases              hosts.allow        qemu-ga
alsa                 hosts.deny         qemu-kvm
alternatives         hp                 radvd.conf
anacrontab           idmapd.conf        ras
asound.conf          init.d             rc0.d
at.deny              inittab            rc1.d
··············省略部分输出信息··············
```

显示当前目录中的文件名及 inode 属性信息：

```
[root@linuxcool ~]# ls -i
35290115 anaconda-ks.cfg 35290137 initial-setup-ks.cfg  35290164 Templates
 1137391 Desktop        17840039 Music                  51609597 Videos
 1137392 Documents      35290165 Pictures
17840038 Downloads      51609596 Public
```

结合通配符一起使用，显示指定目录中所有以 sd 开头的文件列表：

```
[root@linuxcool ~]# ls /dev/sd*
/dev/sda  /dev/sda1  /dev/sda2
```

依据文件内容大小进行排序，显示指定目录中文件名及其属性详情信息：

```
[root@linuxcool ~]# ls -Sl /etc
total 1348
-rw-r--r--. 1 root root      692241 Sep 10  2023 services
-rw-r--r--. 1 root root       66482 Dec 14 08:34 ld.so.cache
-rw-r--r--. 1 root root       60352 May 11  2023 mime.types
-rw-r--r--. 1 root dnsmasq    26843 Aug 12  2023 dnsmasq.conf
-rw-r--r--. 1 root root       25696 Dec 12  2023 brltty.conf
-rw-r--r--. 1 root root        9450 Aug 12  2023 nanorc
-rw-r--r--. 1 root root        7265 Dec 14 08:03 kdump.conf
-rw-------. 1 tss  tss         7046 Aug 13  2023 tcsd.conf
··············省略部分输出信息··············
```

002

cp 命令：复制文件或目录

cp 命令来自英文单词 copy 的缩写，中文译为"复制"，其功能是复制文件或目录。cp 命令能够将一个或多个文件或目录复制到指定位置，亦常用于文件的备份工作。-r 参数用于递归操作，复制目录时若忘记添加则会直接报错；-f 参数则用于当目标文件已存在时会直接覆盖而不再询问。这两个参数尤为常用。

语法格式：cp 参数 源文件名 目标文件名

常用参数

-a	功能等价于 pdr 参数组合	-l	对源文件建立硬链接，而非复制文件
-b	覆盖目标文件前先进行备份	-p	保留源文件或目录的所有属性信息
-d	复制链接文件时，将目标文件也建立为链接文件	-r	递归复制所有子文件
-f	若目标文件已存在，则会直接覆盖	-s	对源文件建立软链接，而非复制文件
-i	若目标文件已存在,则会询问是否覆盖	-v	显示执行过程详细信息

参考示例

复制指定的源文件，并定义新文件的名称：

```
[root@linuxcool ~]# cp File1.cfg File2.cfg
```

复制指定的源目录，并定义新目录的名称：

```
[root@linuxcool ~]# cp -r Dir1 Dir2
```

复制文件时，保留其原始权限及用户归属信息：

```
[root@linuxcool ~]# cp -a File1.cfg File2.cfg
```

将指定文件复制到/etc 目录中，并覆盖已有文件，不进行询问：

```
[root@linuxcool ~]# cp -f File1.cfg /etc
```

将多个文件一同复制到/etc 目录中，如已有目标文件名称则默认询问是否覆盖：

```
[root@linuxcool ~]# cp File1.cfg File2.cfg /etc
cp: overwrite '/etc/File1.cfg'? y
```

003

grep 命令：强大的文本搜索工具

　　grep 命令来自英文词组 global search regular expression and print out the line 的缩写，意思是用于全面搜索的正则表达式，并将结果输出。人们通常会将 grep 命令与正则表达式搭配使用，参数作为搜索过程中的补充或对输出结果的筛选，命令模式十分灵活。

　　与之容易混淆的是 egrep 命令和 fgrep 命令。如果把 grep 命令当作标准搜索命令，那么 egrep 则是扩展搜索命令，等价于 grep -E 命令，支持扩展的正则表达式。而 fgrep 则是快速搜索命令，等价于 grep -F 命令，不支持正则表达式，直接按照字符串内容进行匹配。

　　语法格式：grep 参数 文件名

常用参数

-b	显示匹配行距文件头部的偏移量	-o	显示匹配词距文件头部的偏移量
-c	只显示匹配的行数	-q	静默执行模式
-E	支持扩展正则表达式	-r	递归搜索模式
-F	匹配固定字符串的内容	-s	不显示没有匹配文本的错误信息
-h	搜索多文件时不显示文件名	-v	显示不包含匹配文本的所有行
-i	忽略关键词大小写	-w	精准匹配整词
-l	只显示符合匹配条件的文件名	-x	精准匹配整行
-n	显示所有匹配行及其行号		

参考示例

搜索指定文件中包含某个关键词的内容行：

```
[root@linuxcool ~]# grep root /etc/passwd
root:x:0:0:root:/root:/bin/bash
operator:x:11:0:operator:/root:/sbin/nologin
```

搜索指定文件中以某个关键词开头的内容行：

```
[root@linuxcool ~]# grep ^root /etc/passwd
root:x:0:0:root:/root:/bin/bash
```

搜索多个文件中包含某个关键词的内容行：

```
[root@linuxcool ~]# grep linuxprobe /etc/passwd /etc/shadow
/etc/passwd:linuxprobe:x:1000:1000:linuxprobe:/home/linuxprobe:/bin/bash
/etc/shadow:linuxprobe:$6$9Av/41hCM17T2PrT$hoggWJ3J/j6IqEOSp62elhdOYPLhQ1qDho7hANcm5
fQkPCQdib8KCWGdvxbRvDmqyOarKpWGxd8NAmp3j2Ln00::0:99999:7:::
```

搜索多个文件中包含某个关键词的内容，不显示文件名称：

```
[root@linuxcool ~]# grep -h linuxprobe /etc/passwd /etc/shadow
linuxprobe:x:1000:1000:linuxprobe:/home/linuxprobe:/bin/bash
linuxprobe:$6$9Av/41hCM17T2PrT$hoggWJ3J/j6IqEOSp62elhdOYPLhQ1qDho7hANcm5fQkPCQdib8KC
WGdvxbRvDmqyOarKpWGxd8NAmp3j2Ln00::0:99999:7:::
```

显示指定文件中包含某个关键词的行数量：

```
[root@linuxcool ~]# grep -c root /etc/passwd /etc/shadow
/etc/passwd:2
/etc/shadow:1
```

搜索指定文件中包含某个关键词位置的行号及内容行：

```
[root@linuxcool ~]# grep -n network anaconda-ks.cfg
17:network --bootproto=static --device=ens160 --ip=192.168.10.10 --netmask=255.255.255.0
--onboot=off --ipv6=auto --activate
18:network --hostname=www.linuxcool.com
```

搜索指定文件中不包含某个关键词的内容行：

```
[root@linuxcool ~]# grep -v nologin /etc/passwd
root:x:0:0:root:/root:/bin/bash
sync:x:5:0:sync:/sbin:/bin/sync
shutdown:x:6:0:shutdown:/sbin:/sbin/shutdown
halt:x:7:0:halt:/sbin:/sbin/halt
linuxprobe:x:1000:1000:linuxprobe:/home/linuxprobe:/bin/bash
```

搜索当前工作目录中包含某个关键词内容的文件，未找到则提示：

```
[root@linuxcool ~]# grep -l root *
anaconda-ks.cfg
grep: Desktop: Is a directory
grep: Documents: Is a directory
grep: Downloads: Is a directory
initial-setup-ks.cfg
grep: Music: Is a directory
grep: Pictures: Is a directory
grep: Public: Is a directory
grep: Templates: Is a directory
grep: Videos: Is a directory
```

搜索当前工作目录中包含某个关键词内容的文件，未找到也不提示：

```
[root@linuxcool ~]# grep -sl root *
anaconda-ks.cfg
initial-setup-ks.cfg
```

004

sed 命令：批量编辑文本文件

sed 命令来自英文词组 stream editor 的缩写，其功能是利用语法/脚本对文本文件进行批量的编辑操作。sed 命令最初由贝尔实验室开发，后被众多 Linux 系统集成，能够通过正则表达式对文件进行批量编辑，让重复性的工作不再浪费时间。

语法格式：sed 参数 文件名

常用参数

-e	使用指定脚本处理输入的文本文件	-n	仅显示脚本处理后的结果
-f	使用指定脚本文件处理输入的文本文件	-r	支持扩展正则表达式
-h	显示帮助信息	-V	显示版本信息
-i	直接修改文件内容，而不输出到终端		

参考示例

查找指定文件中带有某个关键词的行：

```
[root@linuxcool ~]# cat -n File.cfg | sed -n '/root/p'
    20 rootpw --iscrypted $6$c2VGkv/8C3IEwtRt$iPEjNXml6v5KEmcM9okIT.Op9/LEpFejqR.
kmQWAVX7fla3roq.3MMVKDahnvOl/pONz2WMNecy17WJ8IbOiO1
    40 pwpolicy root --minlen=6 --minquality=1 --notstrict --nochanges --notempty
```

将指定文件中某个关键词替换成大写形式：

```
[root@linuxcool ~]# sed 's/root/ROOT/g' File.cfg
………………省略输出信息………………
```

读取指定文件，删除所有带有某个关键词的行：

```
[root@linuxcool ~]# sed '/root/d' File.cfg
………………省略输出信息………………
```

读取指定文件，在第 4 行后插入一行新内容：

```
[root@linuxcool ~]# sed -e 4a\NewLine File.cfg
#version=RHEL8
ignoredisk --only-use=sda
autopart --type=lvm
# Partition clearing information
NewLine
………………省略部分输出信息………………
```

读取指定文件，在第 4 行后插入多行新内容：

```
[root@linuxcool ~]# cat File.cfg | sed -e '4a NewLine1 \
> NewLine2 \
```

```
> NewLine3 '
#version=RHEL8
ignoredisk --only-use=sda
autopart --type=lvm
# Partition clearing information
NewLine1
NewLine2
NewLine3
clearpart --none --initlabel
# Use graphical install
graphical
………………省略部分输出信息………………
```

读取指定文件，删除第 2~5 行的内容：

```
[root@linuxcool ~]# cat -n /etc/passwd | sed '2,5d'
     1  root:x:0:0:root:/root:/bin/bash
     6  sync:x:5:0:sync:/sbin:/bin/sync
     7  shutdown:x:6:0:shutdown:/sbin:/sbin/shutdown
     8  halt:x:7:0:halt:/sbin:/sbin/halt
………………省略部分输出信息………………
```

读取指定文件，替换第 2~5 行的内容：

```
[root@linuxcool ~]# sed '2,5c NewSentence' File.cfg
#version=RHEL8
NewSentence
# Use graphical install
graphical
repo --name="AppStream" --baseurl=file:///run/install/repo/AppStream
# Use CDROM installation media
cdrom
………………省略部分输出信息………………
```

读取指定文件的第 3~7 行：

```
[root@linuxcool ~]# sed -n '3,7p' File.cfg
autopart --type=lvm
# Partition clearing information
clearpart --none --initlabel
# Use graphical install
graphical
```

005

awk 命令：对文本和数据进行处理的编程语言

awk 命令来自三位创始人 Alfred Aho、Peter Weinberger、Brian Kernighan 的姓氏缩写，其功能是对文本和数据进行处理。使用 awk 命令可以让用户自定义函数或正则表达式，对文本内容进行高效管理，awk 与 sed、grep 并称为 Linux 系统中的"文本三剑客"。

语法格式：awk 参数 文件名

常用参数

参数	说明	参数	说明
-c	使用兼容模式	-h	显示帮助信息
-C	显示版权信息	-m	对指定值进行限制
-e	指定源码文件	-n	识别输入数据中的八进制和十六进制数
-f	从脚本中读取 awk 命令	-O	启用程序优化
-F	设置输入时的字段分隔符	-v	定义一个变量并赋值
-v	自定义变量信息	-V	显示版本信息

内置变量

变量	说明	变量	说明
ARGC	命令行参数个数	NF	浏览记录域的个数
ARGV	命令行参数排列	NR	已读的记录数
ENVIRON	支持在队列中使用系统环境变量	OFS	输出域分隔符
FILENAME	awk 浏览的文件名	ORS	输出记录分隔符
FNR	浏览文件的记录数	RS	控制记录分隔符
FS	设置输入域分隔符		

参考示例

仅显示指定文件中第 1、2 列的内容（默认以空格为间隔符）：

```
[root@linuxcool ~]# awk '{print $1,$2}' File.cfg
#version=RHEL8
 ignoredisk --only-use=sda
autopart --type=lvm
# Partition
clearpart --none
……………省略部分输出信息……………
```

以冒号为间隔符，仅显示指定文件中第 1 列的内容：

```
[root@linuxcool ~]# awk -F : '{print $1}' /etc/passwd
root
bin
```

```
daemon
adm
lp
sync
shutdown
·················省略部分输出信息·················
```

以冒号为间隔符，显示系统中所有 UID 号码大于 500 的用户信息（第 3 列）：

```
[root@linuxcool ~]# awk -F : '$3>=500' /etc/passwd
nobody:x:65534:65534:Kernel Overflow User:/:/sbin/nologin
systemd-coredump:x:999:997:systemd Core Dumper:/:/sbin/nologin
polkitd:x:998:996:User for polkitd:/:/sbin/nologin
geoclue:x:997:995:User for geoclue:/var/lib/geoclue:/sbin/nologin
·················省略部分输出信息·················
```

仅显示指定文件中含有指定关键词 root 的内容：

```
[root@linuxcool ~]# awk '/root/{print}' File.cfg
rootpw --iscrypted $6$n9sZuTcY8Yzk4l.Q$LsuMNAROewyx.LomDtPpL9iJIOD3tsRThnzsAGEOhZX
LMtdVCHVQ3pxzm3El8K2kuhcYLXJnhz.xUDGiE27s/1
pwpolicy root --minlen=6 --minquality=1 --notstrict --nochanges --notempty
```

以冒号为间隔符，仅显示指定文件中最后一个字段的内容：

```
[root@linuxcool ~]# awk -F : '{print $NF}'
/etc/passwd
/bin/bash
/sbin/nologin /sbin/nologin
/sbin/nologin
/sbin/nologin
/bin/sync
·················省略部分输出信息·················
```

mkdir 命令：创建目录文件

mkdir 命令来自英文词组 make directories 的缩写，其功能是创建目录文件。该命令的使用简单，但需要注意，若要创建的目标目录已经存在，则会提示已存在而不继续创建，不覆盖已有文件。若目录不存在，但具有嵌套的依赖关系时，例如/Dir1/Dir2/Dir3/Dir4/Dir5，要想一次性创建则需要加入-p 参数，进行递归操作。

语法格式：mkdir 参数 目录名

常用参数

- m	创建目录的同时设置权限	- v	显示执行过程详细信息
- p	递归创建多级目录	- z	设置目录安全上下文

参考示例

建立一个目录文件：

```
[root@linuxcool ~]# mkdir Dir1
```

创建一个目录文件并设置 700 权限，不让除所有主以外的任何人读、写、执行它：

```
[root@linuxcool ~]# mkdir -m 700 Dir2
```

一次性创建多个目录文件：

```
[root@linuxcool ~]# mkdir Dir3 Dir4 Dir5
```

在系统根目录中，一次性创建多个有嵌套关系的目录文件：

```
[root@linuxcool ~]# mkdir -p /Dir1/Dir2/Dir3/Dir4/Dir5
```

cat 命令：在终端设备上显示文件内容

cat 命令来自英文词组 concatenate files and print 的缩写，其功能是在终端设备上显示文件内容。在 Linux 系统中有很多用于查看文件内容的命令，例如 more、tail、head 等，每个命令都有各自的特点。cat 命令适合查看内容较少的纯文本文件。 对于内容较多的文件，使用 cat 命令查看后会在屏幕上快速滚屏，用户往往看不清所显示的具体内容，只好按 Ctrl+C 组合键中断命令执行，所以对于大文件，干脆用 more 命令显示吧。

语法格式：cat 参数 文件名

常用参数

-A	等价于-vET 参数组合	-t	等价于-vT 参数组合
-b	显示行数（空行不编号）	-T	将 TAB 字符显示为^I 符号
-e	等价于-vE 参数组合	-v	使用^和 M-引用，LFD 和 TAB 除外
-E	每行结束处显示$符号	--help	显示帮助信息
-n	显示行数（空行也编号）	--version	显示版本信息
-s	显示行数（多个空行算一个编号）		

参考示例

查看指定文件的内容：

```
[root@linuxcool ~]# cat anaconda-ks.cfg
#version=RHEL8
ignoredisk --only-use=sda
autopart --type=lvm
# Partition clearing information
………………省略部分输出信息………………
```

查看指定文件的内容并显示行号：

```
[root@linuxcool ~]# cat -n anaconda-ks.cfg
    1 #version=RHEL8
    2 ignoredisk --only-use=sda
    3 autopart --type=lvm
    4 # Partition clearing information
    5 clearpart --none --initlabel
    6 # Use graphical install
………省略部分输出信息………
```

搭配空设备文件和输出重定向操作符，清空指定文件的内容：

```
[root@linuxcool ~]# cat /dev/null > anaconda-ks.cfg
[root@linuxcool ~]# cat anaconda-ks.cfg
[root@linuxcool ~]#
```

持续写入文件内容，直到碰到 EOF 终止符后结束并保存：

```
[root@linuxcool ~]# cat > anaconda-ks.cfg << EOF
> Hello,World
> Linux!~
> EOF
[root@linuxcool ~]# cat anaconda-ks.cfg
Hello,World
Linux!~
```

搭配输出重定向操作符，将光盘设备制作成镜像文件：

```
[root@linuxcool ~]# cat /dev/cdrom > rhel.iso
[root@linuxcool ~]# ls rhel.iso -lh
-rw-r--r--. 1 root root 6.7G May 2 00:43 rhel.iso
[root@linuxcool ~]# file rhel.iso
rhel.iso: DOS/MBR boot sector; partition 2 : ID=0xef, start-CHS (0x3ff,254,63), end-CHS
(0x3ff,254,63), startsector 23128, 19888 sectors
```

more 命令：分页显示文本文件内容

more 命令的功能是分页显示文本文件的内容。如果文本文件中的内容较多较长，使用 cat 命令读取后则很难看清，这时使用 more 命令进行分页查看就比较合适了，该命令可以把文本内容一页一页地显示在终端界面上，用户每按一次 Enter 键即向下一行，每按一次空格键即向下一页，直至看完为止。

语法格式： more 参数 文件名

常用参数

-c	不滚屏，先显示内容再清除旧内容	-s	将多个空行压缩成一行显示
-d	显示提醒信息，关闭响铃功能	-u	禁止下划线
-f	统计实际的行数，而非自动换行的行数	-数字	设置每屏显示的最大行数
-l	将"^L"当作普通字符处理，而不暂停输出信息	+数字	设置从指定的行开始显示内容
-p	先清除屏幕再显示文本文件的剩余内容	+/关键词	从指定关键词开始显示文件内容

参考示例

分页显示指定的文本文件内容：

```
[root@linuxcool ~]# more File.cfg
#version=RHEL8
ignoredisk --only-use=sda
autopart --type=lvm
# Partition clearing information
clearpart --none --initlabel
# Use graphical install graphical
# Use CDROM installation media
cdrom
·················省略部分输出信息··················
```

先进行清屏操作，随后以每次 10 行内容的格式显示指定的文本文件内容：

```
[root@linuxcool ~]# more -c -10 File.cfg
#version=RHEL8
ignoredisk --only-use=sda
autopart --type=lvm
# Partition clearing information
clearpart --none --initlabel
# Use graphical install
graphical repo --name="AppStream" --baseurl=file:///run/install/repo/AppStream
# Use CDROM installation media
cdrom
--More--(20%)
```

分页显示指定的文本文件内容，若遇到连续两行及以上空白行的情况，则以一行空白行显示：

```
[root@linuxcool ~]# more -s File.cfg
#version=RHEL8
ignoredisk --only-use=sda
autopart --type=lvm
# Partition clearing information
clearpart --none --initlabel
# Use graphical install graphical
# Use CDROM installation media
cdrom
………………省略输出信息………………
```

从第 10 行开始，分页显示指定的文本文件内容：

```
[root@linuxcool ~]# more +10 File.cfg
cdrom
# Keyboard layouts
keyboard --vckeymap=us --xlayouts='us'
# System language
lang en_US.UTF-8

# Network information
network --bootproto=static --device=ens160 --ip=192.168.10.10 --netmask=255.255.255.0
--onboot=off --ipv6=auto --activate
network --hostname=linuxcool.com
# Root password
………………省略部分输出信息………………
```

less 命令：分页显示文件内容

less 命令的功能是分页显示文件内容。Less 命令分页显示的功能与 more 命令很相像，但 more 命令只能从前向后浏览文件内容，而 less 命令不仅能从前向后浏览（按 PageDown 键），还可以从后向前浏览（按 PageUp 键），更加灵活。

语法格式：less 参数 文件名

-b	设置缓冲区大小	-Q	不使用警告音
-e	当文件显示结束后自动退出	-r	显示原始字符
-f	强制打开文件	-s	将连续多个空行视为一行
-g	仅标识最后搜索的关键词	-S	在每行显示较多的内容，而不换行
-i	忽略搜索时的大小写	-V	显示版本信息
-K	收到中断字符时，立即退出	-x	将 Tab 字符显示为指定个数的空格字符
-m	显示阅读进度百分比	-y	设置向前滚动的最大行数
-N	显示文件内容时带行号	--help	显示帮助信息
-o	将要输出的内容写入指定文件		

参考示例

分页查看指定文件的内容：

```
[root@linuxcool ~]# less File.cfg
```

分页查看指定文件的内容及行号：

```
[root@linuxcool ~]# less -N File.cfg
```

分页显示指定命令的输出结果：

```
[root@linuxcool ~]# history | less
```

010 find 命令：根据路径和条件搜索指定文件

find 命令的功能是根据给定的路径和条件查找相关文件或目录，其参数灵活方便，且支持正则表达式，结合管道符后能够实现更加复杂的功能，是 Linux 系统运维人员必须掌握的命令之一。

find 命令通常进行的是从根目录（/）开始的全盘搜索，有别于 whereis、which、locate 等有条件或部分文件的搜索。对于服务器负载较高的情况，建议不要在高峰时期使用 find 命令的模糊搜索，这会相对消耗较多的系统资源。

语法格式：find 路径 条件 文件名

常用参数

-name	匹配文件名	-nouser	匹配无所属主的文件
-perm	匹配文件权限	-nogroup	匹配无所属组的文件
-user	匹配文件所属主	-newer	匹配比指定文件更新的文件
-group	匹配文件所属组	-type	匹配文件类型
-mtime	匹配最后修改文件内容时间	-size	匹配文件大小
-atime	匹配最后读取文件内容时间	-prune	不搜索指定目录
-ctime	匹配最后修改文件属性时间	-exec…… {}\;	进一步处理搜索结果

参考示例

全盘搜索系统中所有以.conf 结尾的文件：

```
[root@linuxcool ~]# find / -name *.conf
/run/tmpfiles.d/kmod.conf
/etc/resolv.conf
/etc/dnf/dnf.conf
/etc/dnf/plugins/copr.conf
/etc/dnf/plugins/debuginfo-install.conf
/etc/dnf/plugins/product-id.conf
/etc/dnf/plugins/subscription-manager.conf
……………省略部分输出信息…………………
```

在/etc 目录中搜索所有大于 1MB 的文件：

```
[root@linuxcool ~]# find /etc -size +1M
/etc/selinux/targeted/policy/policy.31
/etc/udev/hwdb.bin
```

在/home 目录中搜索所有属于指定用户的文件：

```
[root@linuxcool ~]# find /home -user linuxprobe
```

16

```
/home/linuxprobe
/home/linuxprobe/.mozilla
/home/linuxprobe/.mozilla/extensions
/home/linuxprobe/.mozilla/plugins
/home/linuxprobe/.bash_logout
/home/linuxprobe/.bash_profile
/home/linuxprobe/.bashrc
```

列出当前工作目录中的所有文件、目录以及子文件信息：

```
[root@linuxcool ~]# find .
.
././.bash_logout
././.bash_profile
././.bashrc
././.cshrc
././.tcshrc
./anaconda-ks.cfg
………………省略部分输出信息………………
```

在/var/log 目录下搜索所有指定后缀的文件：

```
[root@linuxcool ~]# find /var/log -name "*.log"
/var/log/audit/audit.log
/var/log/rhsm/rhsmcertd.log
/var/log/rhsm/rhsm.log
/var/log/sssd/sssd.log
/var/log/sssd/sssd_implicit_files.log
/var/log/sssd/sssd_nss.log
/var/log/sssd/sssd_kcm.log
/var/log/tuned/tuned.log
/var/log/anaconda/anaconda.log
/var/log/anaconda/X.log
………………省略部分输出信息………………
```

在/var/log 目录下搜索所有不是以.log 结尾的文件：

```
[root@linuxcool ~]# find /var/log ! -name "*.log"
/var/log
/var/log/lastlog
/var/log/README
/var/log/private
/var/log/wtmp
/var/log/btmp
/var/log/samba
```

搜索当前工作目录中所有近 7 天被修改过的文件：

```
[root@linuxcool ~]# find . -mtime +7
././.bash_logout
././.bash_profile
././.bashrc
././.cshrc
././.tcshrc
………………省略部分输出信息………………
```

mv 命令：移动或改名文件

mv 命令来自英文单词 move 的缩写，中文译为"移动"，其功能与英文含义相同，能够对文件进行剪切和重命名操作。这是一个被高频使用的文件管理命令，我们需要留意它与复制命令的区别。cp 命令是用于文件的复制操作，文件个数是增加的，而 mv 则为剪切操作，也就是对文件进行移动（搬家）操作，文件位置发生变化，但总个数并无增加。

在同一个目录内对文件进行剪切的操作，实际上应理解成重命名操作，例如下面的第一个示例所示。

语法格式：mv 参数 源文件名 目标文件名

常用参数

-b	覆盖前为目标文件创建备份	-v	显示执行过程详细信息
-f	强制覆盖目标文件而不询问	-Z	设置文件安全上下文
-i	覆盖目标文件前询问用户是否确认	--help	显示帮助信息
-n	不要覆盖已有文件	--version	显示版本信息
-u	当源文件比目标文件更新时，才执行覆盖操作		

参考示例

对指定文件进行剪切后粘贴（重命名）操作：

```
[root@linuxcool ~]# mv File1.cfg File2.cfg
```

将指定文件移动到/etc 目录中，保留文件原始名称：

```
[root@linuxcool ~]# mv File2.cfg /etc
```

将指定目录移动到/etc 目录中，并定义新的目录名称：

```
[root@linuxcool ~]# mv Dir1 /etc/Dir2
```

将/home 目录中所有的文件都移动到当前工作目录中，若遇到文件已存在则直接覆盖：

```
[root@linuxcool ~]# mv -f /home/* .
```

012

rm 命令：删除文件或目录

rm 命令来自英文单词 remove 的缩写，中文译为"消除"，其功能是删除文件或目录，一次可以删除多个文件，或递归删除目录及其内的所有子文件。

rm 也是一个很危险的命令，使用的时候要特别当心，尤其对于新手更要格外注意。例如，执行 rm -rf /*命令会清空系统中所有的文件，甚至无法恢复回来。所以我们在执行之前一定要再次确认在在哪个目录中、到底要删除什么文件，考虑好后再敲击 Enter 键，要时刻保持清醒的头脑。

语法格式：rm 参数 文件名

常用参数

-d	仅删除无子文件的空目录	-v	显示执行过程详细信息
-f	强制删除文件而不询问	--help	显示帮助信息
-i	删除文件前询问用户是否确认	--version	显示版本信息
-r	递归删除目录及其内全部子文件		

参考示例

删除文件时默认会进行二次确认，敲击 y 进行确认：

```
[root@linuxcool ~]# rm File.cfg
rm: remove regular file 'File.cfg'? y
```

强制删除文件而无须二次确认：

```
[root@linuxcool ~]# rm -f File.cfg
```

删除指定目录及其内的全部子文件，一并强制删除：

```
[root@linuxcool ~]# rm -rf Dir
```

强制删除当前工作目录内所有以.txt 为后缀的文件：

```
[root@linuxcool ~]# rm -f *.txt
```

强制清空服务器系统内的所有文件（慎用!!!）：

```
[root@linuxcool ~]# rm -rf /*
```

df 命令：显示磁盘空间使用量情况

df 命令来自英文词组 report file system disk space usage 的缩写，其功能是显示系统上磁盘空间的使用量情况。df 命令显示的磁盘使用量情况含可用、已用及使用率等信息，默认单位为 KB，建议使用-h 参数进行单位换算，毕竟 135MB 比 138240KB 更利于阅读。

语法格式：df 参数 对象磁盘/分区

参考示例

显示系统全部磁盘的使用量情况（带容量单位）：

```
[root@linuxcool ~]# df -h
Filesystem              Size  Used Avail Use% Mounted on
devtmpfs                969M     0  969M   0% /dev
tmpfs                   984M     0  984M   0% /dev/shm
tmpfs                   984M  9.6M  974M   1% /run
tmpfs                   984M     0  984M   0% /sys/fs/cgroup
/dev/mapper/rhel-root    17G  3.9G   14G  23% /
/dev/sr0                6.7G  6.7G     0 100% /media/cdrom
/dev/sda1              1014M  152M  863M  15% /boot
tmpfs                   197M   16K  197M   1% /run/user/42
tmpfs                   197M  3.5M  194M   2% /run/user/0
```

显示指定磁盘分区的使用量情况（带容量单位）：

```
[root@linuxcool ~]# df -h /boot
Filesystem     Size  Used  Avail  Use%  Mounted on
/dev/sda1     1014M  152M   863M   15%  /boot
```

显示系统中所有文件系统格式为 XFS 的磁盘分区的使用量情况：

```
[root@linuxcool ~]# df -t xfs
Filesystem             1K-blocks     Used Available Use% Mounted on
/dev/mapper/rhel-root   17811456  4041320  13770136  23% /
/dev/sda1                1038336   155556    882780  15% /boot
```

zip 命令：压缩文件

zip 命令的功能是压缩文件，解压命令为 unzip。通过 zip 命令可以将文件打包成 zip 格式的压缩包，里面包含文件的名称、路径、创建时间、上次修改时间等信息（与 tar 命令相似）。

语法格式：zip 参数 目标文件名.zip 源文件或目录名

常用参数

-A	自动解压缩文件	-n	不压缩具有特定字符串的文件
-b	设置暂存文件的目录	-q	静默执行模式
-c	添加注释信息到压缩文件	-r	递归处理所有子文件
-d	更新压缩包内文件	-S	包含系统和隐藏文件
-F	尝试修复损坏的压缩文件	-t	设置压缩时间为指定日期
-h	显示帮助信息	-T	检查压缩文件是否正确无误
-i	仅压缩符合条件的文件	-v	显示执行过程详细信息
-k	使用 MS-DOS 兼容格式	-V	保留 VMS 操作系统的文件属性
-l	将 "LF" 替换成 "LF+CR" 字符	-w	在文件名称中加入版本编号
-L	显示版本信息	-X	不保留过多的文件属性信息
-m	压缩后删除源文件	-y	直接保存符号链接，而不是对应文件

参考示例

将指定目录及其包含的全部文件都打包成 zip 格式的压缩包文件：

```
[root@linuxcool ~]# zip -r File.zip /etc
  adding: etc/fstab (deflated 45%)
  adding: etc/crypttab (stored 0%)
  adding: etc/resolv.conf (stored 0%)
  adding: etc/dnf/ (stored 0%)
  adding: etc/dnf/modules.d/ (stored 0%)
  adding: etc/dnf/modules.d/container-tools.module (deflated 17%)
  adding: etc/dnf/modules.d/llvm-toolset.module (deflated 14%)
···············省略部分输出信息···············
```

将当前工作目录内所有以 .cfg 为后缀的文件打包：

```
[root@linuxcool ~]# zip -r File.zip *.cfg
  adding: anaconda-ks.cfg (deflated 44%)
  adding: initial-setup-ks.cfg (deflated 44%)
```

更新压缩包文件中的某个文件：

```
[root@linuxcool ~]# zip -dv File.zip File.cfg
1>1: updating: File.cfg (deflated 44%)
```

015

unzip 命令：解压缩 zip 格式文件

unzip 命令用于解压缩 zip 格式的文件，虽然 Linux 系统中更多地使用 tar 命令对压缩包进行管理操作，但有时也会接收到 Windows 系统常用的 zip 和 rar 格式的压缩包文件，unzip 命令便派上了用场。直接使用 unzip 命令解压缩文件后，压缩包内原有的文件会被提取并输出保存到当前工作目录下。

语法格式：unzip 参数 压缩包名

常用参数

-a	对文本进行必要的字符转换	-L	将压缩包内文件名改为小写
-b	不要对文本进行任何字符转换	-n	解压缩时不覆盖已有文件
-c	适当转换字符后输出解压缩结果	-p	使用密码加密
-C	严格区分大小写	-q	静默执行模式
-d	解压缩文件到指定目录中	-t	检查压缩包完整性
-f	强制覆盖已有文件	-v	显示执行过程详细信息
-j	不处理压缩文件中原有的目录路径	-x	跳过压缩包内的指定文件
-l	显示压缩包内文件列表	-z	显示压缩包内的备注文字

参考示例

将压缩包文件解压到当前工作目录中：

```
[root@linuxcool ~]# unzip File.zip
Archive: File.zip
   creating: wordpress/
 inflating: wordpress/xmlrpc.php
 inflating: wordpress/wp-blog-header.php
…………省略部分输出信息…………
```

将压缩包文件解压到指定目录中：

```
[root@linuxcool ~]# unzip File.zip -d /home
Archive: File.zip
   creating: /home/wordpress/
 inflating: /home/wordpress/xmlrpc.php
 inflating: /home/wordpress/wp-blog-header.php
…………省略部分输出信息…………
```

测试压缩包文件是否完整，文件有无损坏：

```
[root@linuxcool ~]# unzip -t File.zip
Archive: File.zip
   testing: wordpress/                      OK
   testing: wordpress/xmlrpc.php            OK
…………省略部分输出信息…………
```

016

unrar 命令：解压提取 RAR 压缩文件

unrar 命令来自英文词组 unzip rar 的缩写，其功能是解压提取 RAR 压缩文件。该命令轻松解压来自 Windows 系统的 rar 压缩包文件。若有 zip 压缩包文件需要解压，使用 unzip 命令即可。

语法格式：unrar 参数 压缩包

e	将文件解压缩到当前目录	o-	不要覆盖现有文件
l	显示文件列表	p	设置压缩包密码
p	将文件显示到标准输出	r	递归处理所有子文件
t	测试压缩包文件完整性	u	更新指定文件
v	显示执行过程详细信息	x	排除指定文件
x	使用完整路径提取文件	y	所有询问均回答 yes
o+	覆盖现有文件		

参考示例

以完整路径解压指定压缩包文件：

```
[root@linuxcool ~]# unrar x File.rar
```

查看指定压缩包内的文件信息：

```
[root@linuxcool ~]# unrar l File.rar
```

测试指定压缩包内文件是否损坏，能够正常解压：

```
[root@linuxcool ~]# unrar t File.rar
```

解压指定压缩包内的文件到当前工作目录：

```
[root@linuxcool ~]# unrar e File.rar
```

gunzip 命令：解压提取文件内容

gunzip 命令来自英文词组 gnu unzip 的缩写，其功能是解压提取文件内容。gunzip 通常用来解压那些基于 gzip 格式压缩过的文件（也就是那些.gz 结尾的压缩包）。

语法格式：gunzip 参数 压缩包

常用参数

-a	使用 ASCII 文本模式	-q	静默执行模式
-c	将解压后的文件输出到标准输出设备	-r	递归处理所有子文件
-f	强制解压文件而不询问	-S	设置压缩字尾字符串
-h	显示帮助信息	-t	测试压缩包的完整性
-l	显示压缩文件的相关信息	-v	显示执行过程详细信息
-n	解压时不保留原文件的名称及时间戳	-V	显示版本信息
-N	解压时保留原文件的名称及时间戳		

参考示例

解压指定的压缩包文件：

```
[root@linuxcool ~]# gunzip File.gz
```

解压指定的压缩包文件，并输出解压过程：

```
[root@linuxcool ~]# gunzip -v File.gz
```

测试指定的压缩包文件内容是否损坏，是否能够正常解压：

```
[root@linuxcool ~]# gunzip -t File.gz
```

018   tar 命令：压缩和解压缩文件

tar 命令的功能是压缩和解压缩文件，能够制作出 Linux 系统中常见的 tar、tar.gz、tar.bz2 等格式的压缩包文件。对于 RHEL 7、CentOS 7 版本及以后的系统，解压缩时不添加格式参数（如 z 或 j），系统也能自动进行分析并解压。把要传输的文件先压缩再传输，能够很好地提高工作效率，方便分享。

语法格式：tar 参数 压缩包名 文件或目录名

常用参数

参数	说明	参数	说明
-A	添加文件到已存在的压缩包	-p	保留原来的文件权限与属性
-B	设置区块大小	-P	使用绝对路径
-c	创建新的压缩	-t	显示压缩包的内容
-C	解压缩到指定目录	-u	更新压缩包内的文件
-d	记录文件的差别	-v	显示执行过程详细信息
-f	指定压缩包文件	-w	确认压缩包的完整性
-j	使用 bzip2 压缩格式	-x	从压缩包内提取文件
-l	设置文件系统边界	-z	使用 gzip 压缩格式
-m	保护文件不被覆盖	--exclude	排除指定的文件不压缩
-N	只将较新日期的文件保存到压缩包中	--remove-files	操作完成后删除源文件

参考示例

使用 gzip 压缩格式对指定目录进行打包操作，显示压缩过程，压缩包规范后缀为.tar.gz：

```
[root@linuxcool ~]# tar czvf File.tar.gz /etc
tar: Removing leading `/' from member names
/etc/
/etc/mtab
/etc/fstab
/etc/crypttab
/etc/resolv.conf
/etc/dnf/
………………省略部分输出信息………………
```

使用 bzip2 压缩格式对某个目录进行打包操作，显示压缩过程，压缩包规范后缀为.tar.bz2：

```
[root@linuxcool ~]# tar cjvf File.tar.bz2 /etc
tar: Removing leading `/' from member names
/etc/
/etc/mtab
/etc/fstab
```

```
/etc/crypttab
/etc/resolv.conf
/etc/dnf/ /etc/dnf/modules.d/
/etc/dnf/modules.d/container-tools.module
················省略部分输出信息··················
```

将当前工作目录内所有以.cfg 为后缀的文件打包，不进行压缩：

```
[root@linuxcool ~]# tar cvf File.tar *.cfg
anaconda-ks.cfg
initial-setup-ks.cfg
```

将当前工作目录内所有以.cfg 为后缀的文件打包，不进行压缩，并删除原始文件：

```
[root@linuxcool ~]# tar cvf File.tar *.cfg --remove-files
anaconda-ks.cfg
initial-setup-ks.cfg
```

解压指定压缩包到当前工作目录：

```
[root@linuxcool ~]# tar xvf File.tar
anaconda-ks.cfg
initial-setup-ks.cfg
```

解压指定压缩包到/etc 目录：

```
[root@linuxcool ~]# tar xvf File.tar -C /etc
anaconda-ks.cfg
initial-setup-ks.cfg
```

查看某个压缩包内文件信息（无须解压）：

```
[root@linuxcool ~]# tar tvf File.tar
-rw------- root/root 1256 2023-05-18 08:42 anaconda-ks.cfg
-rw-r--r-- root/root 1585 2023-05-18 08:43 initial-setup-ks.cfg
```

019

gzip 命令：压缩和解压文件

gzip 命令来自英文单词 gunzip 的缩写，其功能是压缩和解压文件。gzip 是一个使用广泛的压缩命令，文件经过压缩后一般会以.gz 后缀结尾，与 tar 命令合用后即为.tar.gz 后缀。

据统计，gzip 命令对文本文件的压缩比率通常能达到 60%~70%，压缩后可以很好地提升存储空间的使用率，还能够在网络中传输文件时减少等待时间。

语法格式：gzip 参数 文件名

常用参数

-a	使用 ASCII 文本模式	-n	不保存原来的文件名及时间戳
-c	把压缩后的文件输出到标准输出设备	-N	保存原来的文件名及时间戳
-d	解压指定的压缩包文件	-t	测试压缩包是否正确无误
-f	强行压缩文件而不询问	-q	静默执行模式
-h	显示帮助信息	-r	递归处理所有子文件
-k	保留原文件	-S	设置解压或压缩后文件的后缀名
-l	显示压缩包内的文件信息	-v	显示执行过程详细信息
-L	显示版权信息	-V	显示版本信息

参考示例

将指定的文件进行压缩，压缩包默认以"原文件名.gz"保存到当前工作目录下，原文件会被自动删除：

```
[root@linuxcool ~]# gzip File.cfg
```

解压指定的压缩包文件并显示解压过程，解压后的文件会保存在当前工作目录下，压缩包会被自动删除：

```
[root@linuxcool ~]# gzip -dv File.cfg.gz
File.cfg.gz:     44.3% -- replaced with File.cfg
```

将指定的文件进行压缩，但是不删除原文件：

```
[root@linuxcool ~]# gzip -k File.cfg
```

显示指定文件的压缩信息：

```
[root@linuxcool ~]# gzip -l File.cfg.gz
         compressed        uncompressed      ratio uncompressed_name
              929               1585        43.8% File.cfg
```

bzip2 命令：压缩或解压缩.bz2 文件

bzip2 命令的功能是压缩或解压缩.bz2 文件。Linux 系统中常见的以.bz2 结尾的文件是由 bzip2 命令压缩而成的，bzip2 是一款压缩算法较新、压缩比较充分的压缩工具，与 gzip 命令十分相似。

语法格式：bzip2 参数 压缩包.bz2 文件或目录名

常用参数

-c	显示处理结果	-t	测试压缩包的完整性
-d	执行解压缩操作	-v	显示执行过程详细信息
-f	强制覆盖已有文件而不询问	-z	执行压缩操作
-k	保留已有文件	--help	显示帮助信息
-q	跳过所有警告信息	--version	显示版本信息
-s	降低内存使用量		

参考示例

对指定的文件进行压缩操作：

```
[root@linuxcool ~]# bzip2 File.cfg
```

对指定的文件进行压缩操作，并显示详细过程：

```
[root@linuxcool ~]# bzip2 -v File.cfg
  initial-setup-ks.cfg: 1.524:1, 5.250 bits/byte, 34.37% saved, 1542 in, 1012 out.
```

检查指定压缩包文件的完整性：

```
[root@linuxcool ~]# bzip2 -t File.bz2
```

解压缩指定的压缩包文件：

```
[root@linuxcool ~]# bzip2 -d File.bz2
```

021

pigz 命令：多线程的解压缩文件

pigz 命令来自英文词组 parallel implementation of gzip 的缩写，其功能是认多线程的方式解压缩文件。与其他解压缩命令不同的是，pigz 命令支持多线程的并行处理方式，比 gzip 快 60%以上，当然 CPU 的消耗也会更高。如果想快速地压缩、解压文件，那么就一定要选它！

语法格式：pigz 参数 文件名

常用参数

--	显示压缩后的内容	-p	设置线程数
-b	设置文件数据块大小	-q	静默执行模式
-d	将压缩文件恢复为原始文件	-r	递归处理所有子文件
-f	强制覆盖文件而不询问	-S	使用后缀 .sss 而不是 .gz
-h	显示帮助信息	-t	测试压缩包的完整性
-i	独立压缩区块，以便恢复损坏内容	-v	显示执行过程详细信息
-k	处理后不删除原始文件	-V	显示版本信息
-L	显示命令许可证信息	-z	使用 zlib 压缩格式

参考示例

对已打包好的指定文件进行压缩：

```
[root@linuxcool ~]# pigz File.tar
```

查看指定文件的压缩比率信息：

```
[root@linuxcool ~]# pigz -l File.tgz
compressed    original reduced   name
  6300707    27074560   76.7%  File.tar
```

解压指定的文件，线程设定为 8 个：

```
[root@linuxcool ~]# pigz -d -p 8 File.tgz
```

022

7z 命令：文件解压缩命令

7z 命令的功能是对文件进行解压缩操作。7-z 命令是 Linux 系统中常用的解压缩工具，7z 也是一种压缩格式，具备较高的压缩比率，对文本文件尤其有效。

语法格式：7z 参数 文件名

常用参数

a	向压缩包中添加文件	t	测试压缩包的完整性
d	从压缩包中删除文件	u	更新压缩包中的文件
e	从压缩包中提取文件	x	解压文件时保留绝对路径
l	显示压缩包内文件列表		

参考示例

对指定的目录进行压缩，压缩包以 7z 为后缀：

```
[root@linuxcool ~]# 7z a File.7z /Dir
```

对指定的压缩包文件进行解压缩：

```
[root@linuxcool ~]# 7z x File.7z
```

将指定压缩包内的以 txt 结尾的文件都删除：

```
[root@linuxcool ~]# 7z d File.7z -r *.txt
```

更新指定压缩包内的以 txt 结尾的文件：

```
[root@linuxcool ~]# 7z u File.7z *.txt
```

echo 命令：输出字符串或提取后的变量值

echo 命令的功能是在终端设备上输出指定字符串或变量提取后的值，能够给用户一些简单的提醒信息，亦可以将输出的指定字符串内容同管道符一起传递给后续命令作为标准输入信息进行二次处理，还可以同输出重定向符一起操作，将信息直接写入文件。如需提取变量值，需在变量名称前加入$符号，变量名称一般均为大写形式。

语法格式： echo 参数 字符串或$变量名

常用参数

-e "\a"	发出警告音	-e "\r"	光标移至行首但不换行
-e "\b"	删除前面的一个字符	-E	禁止反斜杠转义
-e "\c"	结尾不加换行符	-n	不输出结尾的换行符
-e "\f"	换行后光标仍停留在原来的位置	--version	显示版本信息
-e "\n"	换行后光标移至行首	--help	显示帮助信息

参考示例

输出指定字符串到终端设备界面（默认为电脑屏幕）：

```
[root@linuxcool ~]# echo LinuxCool
LinuxCool
```

输出某个变量值：

```
[root@linuxcool ~]# echo $PATH
/usr/local/bin:/usr/local/sbin:/usr/bin:/usr/sbin:/root/bin
```

搭配输出重定向符一起使用，将字符串内容直接写入文件中：

```
[root@linuxcool ~]# echo "Hello World" > Doc.txt
```

搭配反引号执行命令，并将执行结果输出：

```
[root@linuxcool ~]# echo `uptime`
16:16:12 up 52 min, 1 user, load average: 0.01, 0.02, 0.05
```

输出带有换行符的内容：

```
[root@linuxcool ~]# echo -e "First\nSecond\nThird"
First
Second
Third
```

指定删除字符串中某些字符，随后将内容输出：

```
[root@linuxcool ~]# echo -e "123\b456"
12456
```

rpm 命令：RPM 软件包管理器

rpm 命令来自英文词组 redhat package manager 的缩写，中文译为"红帽软件包管理器"，其功能是在 Linux 系统下对软件包进行安装、卸载、查询、验证、升级等工作，常见的主流系统（如 RHEL、CentOS、Fedora 等）都采用这种软件包管理器，推荐用固定搭配"rpm-ivh 软件包名"安装软件，而卸载软件则用固定搭配"rpm -evh 软件包名"，简单好记又好用。

语法格式：rpm 参数 软件包名

常用参数

-a	显示所有软件包	-p	显示指定的软件包信息
-c	仅显示组态配置文件	-q	显示指定软件包是否已安装
-d	仅显示文本文件	-R	显示软件包的依赖关系
-e	卸载软件包	-s	显示文件状态信息
-f	显示文件或命令属于哪个软件包	-U	升级软件包
-h	安装软件包时显示标记信息	-v	显示执行过程信息
-i	安装软件包	-vv	显示执行过程详细信息
-l	显示软件包的文件列表		

参考示例

正常安装软件包：

```
[root@linuxcool ~]# rpm -ivh cockpit-185-2.el8.x86_64.rpm
Verifying...                        ################################ [100%]
Preparing...                        ################################ [100%]
        package cockpit-185-2.el8.x86_64 is already installed
```

显示系统已安装过的全部 RPM 软件包：

```
[root@linuxcool ~]# rpm -qa
qemu-kvm-block-gluster-2.12.0-63.module+el8+2833+c7d6d092.x86_64
boost-atomic-1.66.0-6.el8.x86_64
gnome-session-wayland-session-3.28.1-6.el8.x86_64
grub2-tools-2.02-66.el8.x86_64
lohit-gurmukhi-fonts-2.91.2-3.el8.noarch
liberation-fonts-common-2.00.3-4.el8.noarch
policycoreutils-python-utils-2.8-16.1.el8.noarch
··········省略部分输出信息··········
```

查询某个软件的安装路径：

```
[root@linuxcool ~]# rpm -ql cockpit
/usr/share/cockpit
```

```
/usr/share/doc/cockpit/AUTHORS
/usr/share/doc/cockpit/COPYING
/usr/share/doc/cockpit/README.md
/usr/share/man/man1/cockpit.1.gz
/usr/share/metainfo/cockpit.appdata.xml
/usr/share/pixmaps/cockpit.png
```

卸载通过 RPM 软件包安装的某个服务：

```
[root@linuxcool ~]# rpm -evh cockpit
Preparing...          ############################### [100%]
Cleaning up / removing...
1:cockpit-185-2.el8  ############################### [100%]
```

升级某个软件包：

```
[root@linuxcool ~]# rpm -Uvh cockpit-185-2.el8.x86_64.rpm
Verifying...           ############################### [100%]
Preparing...           ############################### [100%]
Updating / installing...
   1:cockpit-185-2.el8  ############################### [100%]
```

head 命令：显示文件开头的内容

head 命令的功能是显示文件开头的内容，默认为前 10 行。

语法格式：head 参数 文件名

-c	设置显示头部内容的字符数	-v	显示文件名的头信息
-n	设置显示行数	--help	显示帮助信息
-q	不显示文件名的头信息	--version	显示版本信息

默认显示文件的前 10 行内容：

```
[root@linuxcool ~]# head -n 10 File.cfg
#version=RHEL8
ignoredisk --only-use=sda
autopart --type=lvm
# Partition clearing information
clearpart --none --initlabel
# Use graphical install
graphical
repo --name="AppStream" --baseurl=file:///run/install/repo/AppStream
# Use CDROM installation media
cdrom
```

显示指定文件的前 5 行内容：

```
[root@linuxcool ~]# head -n 5 File.cfg
#version=RHEL8
ignoredisk --only-use=sda
autopart --type=lvm
# Partition clearing information
clearpart --none --initlabel
```

显示指定文件的前 20 个字符：

```
[root@linuxcool ~]# head -c 20 File.cfg
#version=RHEL8
```

tail 命令：查看文件尾部内容

tail 命令的功能是查看文件尾部内容，例如默认会在终端界面上显示指定文件的末尾 10 行，如果指定了多个文件，则会在显示的每个文件内容前面加上文件名来加以区分。高阶玩法的-f 参数的作用是持续显示文件的尾部最新内容，类似于机场候机厅的大屏幕，总会把最新的消息展示给用户，对阅读日志文件尤为适合，再也不需要手动刷新了。

语法格式：tail 参数 文件名

常用参数

-c	设置显示文件尾部的字符数	--pid	当指定 PID 进程结束时，自动退出命令
-f	持续显示文件尾部最新内容	--retry	当文件无权限访问时，依然尝试打开
-n	设置显示文件尾部的行数	--version	显示版本信息
--help	显示帮助信息		

参考示例

默认显示指定文件尾部的后 10 行内容：

```
[root@linuxcool ~]# tail File.cfg
%addon com_redhat_subscription_manager
%end
%addon ADDON_placeholder --disable --reserve-mb=auto
%end

%anaconda
pwpolicy root --minlen=6 --minquality=1 --notstrict --nochanges --notempty
pwpolicy user --minlen=6 --minquality=1 --notstrict --nochanges --emptyok
pwpolicy luks --minlen=6 --minquality=1 --notstrict --nochanges --notempty
%end
```

指定显示指定文件尾部的后 5 行内容：

```
[root@linuxcool ~]# tail -n 5 File.cfg
%anaconda
pwpolicy root --minlen=6 --minquality=1 --notstrict --nochanges --notempty
pwpolicy user --minlen=6 --minquality=1 --notstrict --nochanges --emptyok
pwpolicy luks --minlen=6 --minquality=1 --notstrict --nochanges --notempty
%end
```

指定显示指定文件尾部的后 30 个字节：

```
[root@linuxcool ~]# tail -c 30 File.cfg
t --nochanges --notempty
%end
```

持续刷新显示指定文件尾部的后 10 行内容：

```
[root@linuxcool ~]# tail -f File.cfg
```

file 命令：识别文件类型

file 命令的功能是识别文件类型，也可以用来辨别一些内容的编码格式。由于 Linux 系统并不是像 Windows 系统那样通过扩展名来定义文件类型的，因此用户无法直接通过文件名来进行区别。file 命令可以通过分析文件头部信息中的标识信息来显示文件类型，使用很方便。

语法格式：file 参数 文件名

常用参数

-b	不显示文件名	-L	显示符号链接所指向文件的类型
-c	显示执行过程	-m	指定魔法数字文件
-f	显示文件类型信息	-v	显示版本信息
-i	显示 MIME 类别信息	-z	尝试去解读压缩内的文件内容

参考示例

查看指定文件的类型：

```
[root@linuxcool ~]# file File.cfg
File.cfg: ASCII text
[root@linuxcool ~]# file Dir
Dir: directory
[root@linuxcool ~]# file /dev/sda
/dev/sda: block special (8/0)
[root@linuxcool ~]# file
/bin/ls /bin/ls: ELF 64-bit LSB shared object, x86-64, version 1 (SYSV), dynamically linked,
interpreter /lib64/ld-linux-x86-64.so.2, for GNU/Linux 3.2.0, BuildID[sha1]
=937708964f0f7e3673465d7749d6cf6a2601dea2, stripped, too many notes (256)
```

查看指定文件的类型，但不显示文件名：

```
[root@linuxcool ~]# file -b File.cfg
ASCII text
```

通过 MIME 来分辨指定文件的类型：

```
[root@linuxcool ~]# file -i File.cfg
File.cfg: text/plain; charset=us-ascii
```

查看符号链接文件的类型，会提示实际的文件名称：

```
[root@linuxcool ~]# file /dev/cdrom
/dev/cdrom: symbolic link to sr0
```

直接查看指定符号链接文件所对应的目标文件的类型：

```
[root@linuxcool ~]# file -L /dev/cdrom
/dev/cdrom: block special (11/0)
```

ps 命令：显示进程状态

ps 命令来自英文单词 process 的缩写，中文译为"进程"，其功能是显示当前系统的进程状态。使用 ps 命令可以查看到进程的所有信息，例如进程的号码、发起者、系统资源（处理器与内存）使用占比、运行状态等。ps 命令可帮助我们及时发现哪些进程出现"僵死"或"不可中断"等异常情况。

ps 命令经常会与 kill 命令搭配使用，以中断和删除不必要的服务进程，避免服务器的资源浪费。

语法格式：ps 参数

常用参数

-a	显示所有进程信息	-t	显示属于指定终端主机的程序状态
-c	不显示程序路径	-T	显示当前终端主机下的所有程序
-d	不显示阶段作业程序	-u	使用用户为主的格式来显示程序状态
-e	显示环境变量信息	-U	显示属于指定用户的程序状态
-f	用 ASCII 字符显示树状结构	-v	使用虚拟内存的格式显示程序状态
-g	显示所有程序及其所属组的程序	-w	使用宽阔的格式显示程序状态
-h	不显示标题列信息	-x	不区分终端主机
-H	使用树状结构展示程序间的相互关系	-X	使用旧式登录格式显示程序状态
-j	使用工作控制格式显示程序状态	--cols	设置每列的最大字符数
-l	使用详细格式显示程序状态	--headers	重复显示标题列
-p	指定程序识别码并显示该程序的状态	--help	显示帮助信息
-r	仅显示终端主机正在执行中的程序	--info	显示排错信息
-s	使用程序信号格式显示程序状态	--lines	设置显示画面的列数
-S	显示包括已中断的子程序的状态	--version	显示版本信息

参考示例

显示系统中全部的进程信息，含详细信息：

```
[root@linuxcool ~]# ps aux
USER        PID %CPU %MEM  VSZ  RSS TTY  STAT START TIME COMMAND
root          2  0.0  0.0    0    0 ?    S    20:05 0:00 [kthreadd]
root          3  0.0  0.0    0    0 ?    I<   20:05 0:00 [rcu_gp]
root          4  0.0  0.0    0    0 ?    I<   20:05 0:00 [rcu_par_gp]
…………………省略部分输出信息………………
```

■ ps 命令：显示进程状态

结合输出重定向，将当前进程信息保留备份至指定文件：

```
[root@linuxcool ~]# ps aux > File.txt
```

结合管道操作符，将当前系统运行状态中指定的进程信息过滤出来：

```
[root@linuxcool ~]# ps -ef | grep ssh
················省略输出信息·················
```

结合管道操作符，将当前系统运行状态中指定用户的进程信息过滤出来：

```
[root@linuxcool ~]# ps -u root
PID TTY          TIME CMD
  1 ?        00:00:01 systemd
  2 ?        00:00:00 kthreadd
  3 ?        00:00:00 rcu_gp
  4 ?        00:00:00 rcu_par_gp
················省略部分输出信息·················
```

结合管道操作符与 sort 命令，依据处理器使用量（第三列）情况降序排序：

```
[root@linuxcool ~]# ps aux | sort -rnk 3
USER      PID %CPU %MEM    VSZ    RSS TTY      STAT START TIME COMMAND
root     2341  0.4  8.1 4504040 164896 tty2    Sl+  20:05 0:24 /usr/bin/gnome-shell
root     4534  0.3  0.4 220064   8520 ?        Ssl  21:37 0:00 /usr/nm-dispatcher
gdm      1541  0.1  7.3 4211428 147400 tty1    Sl+  20:05 0:06 /usr/bin/gnome-shell
················省略部分输出信息·················
```

结合管道操作符与 sort 命令，依据内存使用量（第四列）情况降序排序：

```
[root@linuxcool ~]# ps aux | sort -rnk 4
USER      PID %CPU %MEM    VSZ    RSS TTY      STAT START TIME COMMAND
root     2341  0.4  8.1 4503976 164828 tty2    Sl+  20:05 0:27 /usr/bin/gnome-shell
gdm      1541  0.1  7.3 4211428 147556 tty1    Sl+  20:05 0:08 /usr/bin/gnome-shell
root     2661  0.0  3.1 1271636 63004 tty2     Sl+  20:05 0:01 /usr/bin/gnome-software
--gapplication-service
················省略部分输出信息·················
```

netstat 命令：显示网络状态

  netstat 命令来自英文词组 network statistics 的缩写，其功能是显示各种网络相关信息，例如网络连接状态、路由表信息、接口状态、NAT、多播成员等。

  netstat 命令不仅应用于 Linux 系统，而且 Windows XP、Windows 7、Windows 10 及 Windows 11 均已默认支持，并且可用参数也相同，有经验的运维人员可以直接上手。

语法格式：netstat 参数

常用参数

-a	显示所有连接中的接口信息	-n	直接使用 IP 地址，而不是域名
-A	设置网络连接类型	-N	显示网络硬件外围设备的符号链接名称
-c	持续显示网络状态	-o	显示计时器数据信息
-C	显示路由配置信息	-p	显示正在使用接口的程序识别码和名称
-F	显示路由缓存信息	-r	显示路由表信息
-g	显示多重广播功能群组成员名单	-s	显示网络工作信息统计表信息
-h	显示帮助信息	-t	显示 TCP 传输协议的连线状态
-i	显示网络界面信息表单	-u	显示 UDP 传输协议的连线状态
-l	仅显示正在监听的服务状态	-V	显示版本信息

参考示例

显示系统网络状态中的所有连接信息：

```
[root@linuxcool ~]# netstat -a
Active Internet connections (servers and established)
Proto Recv-Q Send-Q Local Address          Foreign Address         State
Tcp      0        0 0.0.0.0:http           0.0.0.0:*               LISTEN
tcp      0        0 0.0.0.0:https          0.0.0.0:*               LISTEN
tcp      0        0 0.0.0.0:ms-wbt-server  0.0.0.0:*               LISTEN
```

显示系统网络状态中的 UDP 连接信息：

```
[root@linuxcool ~]# netstat -nu
Active Internet connections (w/o servers)
Proto Recv-Q Send-Q Local Address          Foreign Address       State
udp      0        0 192.168.10.10:68       192.168.10.20:67      ESTABLISHED
```

显示系统网络状态中的 UDP 连接端口号使用信息：

```
[root@linuxcool ~]# netstat -apu
Active Internet connections (servers and established)
Proto Recv-Q Send-Q Local Address Foreign Address        State    PID/Program name
```

```
udp         0        0 linuxcool:bootpc _gateway:bootps ESTABLISHED 1024/NetworkManager
udp         0        0 localhost:323           0.0.0.0:*              875/chronyd
udp6        0        0 localhost:323           [::]:*                 875/chronyd
```

显示网卡当前状态信息：

```
[root@linuxcool ~]# netstat -i
Kernel Interface table
Iface       MTU   RX-OK RX-ERR RX-DRP RX-OVR   TX-OK TX-ERR TX-DRP TX-OVR Flg
eth0        1500  31945      0      0 0         39499      0      0      0 BMRU
lo          65536     0      0      0 0             0      0      0      0 LRU
```

显示网络路由表状态信息：

```
[root@linuxcool ~]# netstat -r
Kernel IP routing table
Destination     Gateway         Genmask          Flags   MSS Window irtt Iface
default         _gateway        0.0.0.0          UG        0 0         0 eth0
192.168.10.0    0.0.0.0         255.255.240.0 U           0 0         0 eth0
```

找到某个服务所对应的连接信息：

```
[root@linuxcool ~]# netstat -ap | grep ssh
unix 2    [ ]       STREAM    CONNECTED     89121805  203890/sshd: root [
unix 3    [ ]       STREAM    CONNECTED     27396     1754/sshd
unix 3    [ ]       STREAM    CONNECTED     89120965  203890/sshd: root [
unix 2    [ ]       STREAM    CONNECTED     89116510  203903/sshd: root@p
unix 2    [ ]       STREAM    CONNECTED     89121803  203890/sshd: root [
unix 2    [ ]       STREAM    CONNECTED     29959     1754/sshd
unix 2    [ ]       DGRAM                   89111175  203890/sshd: root [
unix 3    [ ]       STREAM    CONNECTED     89120964  203903/sshd: root@p
```

pwd 命令：显示当前工作目录的路径

pwd 命令来自英文词组 print working directory 的缩写，其功能是显示当前工作目录的路径，即显示所在位置的绝对路径。

在实际工作中，我们经常会在不同目录之间进行切换，为了防止"迷路"，可以使用 pwd 命令快速查看当前所处的工作目录路径，方便开展后续工作。

语法格式：pwd 参数

常用参数

-L	显示逻辑路径	--version	显示版本信息
-P	显示实际物理地址	--help	显示帮助信息

参考示例

查看当前工作目录路径：

```
[root@linuxcool ~]# pwd
/root
```

031

ssh 命令：安全的远程连接服务

ssh 命令的功能是安全地远程连接服务器主机系统，作为 OpenSSH 套件中的客户端连接工具，ssh 命令可以让我们轻松地基于 SSH 加密协议进行远程主机访问，从而实现对远程服务器的管理工作。

语法格式：ssh 参数 域名或 IP 地址

常用参数

-1	使用 SSH 协议版本 1	-i	设置密钥文件
-2	使用 SSH 协议版本 2	-l	设置登录用户名
-4	基于 IPv4 网络协议	-N	不执行远程指令
-6	基于 IPv6 网络协议	-o	设置配置参数选项
-a	关闭认证代理连接转发功能	-p	设置远程服务器上的端口号
-A	开启认证代理连接转发功能	-q	静默执行模式
-b	设置本机对外提供服务的 IP 地址	-s	请求远程主机上的子系统调用
-c	设置会话的密码算法	-v	显示执行过程详细信息
-C	压缩所有数据	-V	显示版本信息
-f	后台执行 ssh 命令	-x	关闭 X11 转发功能
-F	设置配置文件	-X	开启 X11 转发功能
-g	允许远程主机连接本机的转发端口	-y	信任 X11 转发功能

参考示例

基于 SSH 协议，远程访问服务器主机系统：

```
[root@linuxcool ~]# ssh 192.168.10.10
The authenticity of host '192.168.10.10 (192.168.10.10)' can't be established.
ECDSA key fingerprint is SHA256:ZEjdfRjQV8pVVfuOTSYvDP5UvOHuuogMQSDUgLPG3Kc.
Are you sure you want to continue connecting (yes/no)? yes

Warning: Permanently added '192.168.10.10' (ECDSA) to the list of known hosts.
root@192.168.10.10's password: 此处输入远程服务器管理员密码
Activate the web console with: systemctl enable --now cockpit.socket

Last login: Tue Dec 14 08:49:08 2023
[root@linuxprobe ~]#
```

使用指定的用户身份登录远程服务器主机系统：

```
[root@linuxcool ~]# ssh -l linuxprobe 192.168.10.10
linuxprobe@192.168.10.10's password: 此处输入指定用户的密码
```

```
Activate the web console with: systemctl enable --now cockpit.socket
[linuxprobe@linuxprobe ~]$
```

登录远程服务器主机系统后执行一条命令：

```
[root@linuxcool ~]# ssh 192.168.10.10 "free -m"
root@192.168.10.10's password: 此处输入远程服务器管理员密码
              total        used        free      shared  buff/cache   available
Mem:           1966        1359          76          21         530         407
Swap:          2047           9        2038
```

强制使用 v1 版本的 SSH 加密协议连接远程服务器主机：

```
[root@linuxcool ~]# ssh -1 192.168.10.10
```

mount 命令：将文件系统挂载到目录

mount 命令的功能是将文件系统挂载到目录。文件系统指的是被格式化过的硬盘或分区设备，进行挂载操作后，用户便可以在挂载目录中使用硬盘资源了。

默认情况下，Linux 系统并不会像 Windows 系统那样自动地挂载光盘和 U 盘设备，需要我们自行完成。

语法格式：mount 参数 设备名 目录名

常用参数

-a	加载/etc/fstab 文件中记录的所有文件系统	-r	将文件系统设置为只读模式
-F	为每个设备创建出一个新的挂载版本	-t	挂载指定文件类型的设备分区
-h	显示帮助信息	-U	挂载指定 UUID 的设备分区
-l	显示已加载的文件系统列表	-V	显示版本信息
-L	挂载具有指定标签的分区	-w	以读写方式挂载文件系统
-n	加载没有写入/etc/mtab 文件中的文件系统		

参考示例

查看当前系统中已有的文件系统信息：

```
[root@linuxcool ~]# mount
sysfson/systypesysfs(rw,nosuid,nodev,noexec,relatime,seclabel)
proc on /proc type proc (rw,nosuid,nodev,noexec,relatime)
devtmpfs on /dev type devtmpfs (rw,nosuid,seclabel,size=99130k,nr_inodes=27835, mode=755)
securityfs on /sys/kernel/security type securityfs (rw,nosuid,nodev,noexec,relatime)
………………省略部分输出信息………………
```

挂载/etc/fstab 文件中所有已定义的设备文件：

```
[root@linuxcool ~]# mount -a
```

将光盘设备挂载到指定目录：

```
[root@linuxcool ~]# mount /dev/cdrom /Dir
mount: /Dir: WARNING: device write-protected, mounted read-only.
```

强制以 XFS 文件系统挂载硬盘设备到指定目录：

```
[root@linuxcool ~]# mount -t xfs /dev/sdb /Dir
```

cd 命令：切换目录

cd 命令来自英文词组 change directory 的缩写，其功能是更改当前所处的工作目录，路径可以是绝对路径，也可以是相对路径，若省略不写则会跳转至当前使用者的家目录。

语法格式：cd 参数 目录名

常用参数

-L	切换至符号链接所在的目录	~	切换至用户家目录
-P	切换至符号链接对应的实际目录	..	切换至当前位置的上一级目录
-	切换至上次所在目录		

参考示例

切换到指定目录：

```
[root@linuxcool ~]# cd /Dir
[root@linuxcool Dir]#
```

切换至当前用户的家目录：

```
[root@linuxcool Dir]# cd ~
[root@linuxcool ~]#
```

进入上一级所在目录：

```
[root@linuxcool ~]# cd ..
[root@linuxcool /]#
```

返回上一次所在目录：

```
[root@linuxcool /]# cd -
/root
[root@linuxcool ~]#
```

curl 命令：文件传输工具

curl 命令来自英文词组 CommandLine URL 的缩写，其功能是在 Shell 终端界面中基于 URL 规则进行文件传输工作。curl 是一款综合性的传输工具，可以上传也可以下载，支持 HTTP、HTTPS、FTP 等 30 余种常见协议。

语法格式：curl 参数 网址 URL 文件名

常用参数

-a	追加写入到指定文件	--cacert	设置 CA 证书文件
-A	设置用户代理标头信息	-G	以 GET 方式传送数据
-b	设置用户 Cookie 信息	--capath	设置 CA 证书目录
-B	使用 ASCII 文本传输	--cert-type	设置客户端证书文件和密码
-C	支持断点续传	--ciphers	设置 SSL 证书密码
-d	以 HTTP POST 方式传送数据	--connect-timeout	设置最大请求时间
-D	把头部信息写入指定文件	--create-dirs	创建本地目录的层次结构
-e	设置来源网址 URL	--digest	使用数字身份验证
-f	连接失败时不显示报错	--ftp-create-dirs	自动创建远程目录
-o	设置新的本地文件名	--ftp-pasv	使用 PASV/EPSV 代替端口
-a	追加写入到指定文件	--ftp-ssl	使用 SSL/TLS 进行数据传输
-O	保留远程文件的原始名	--ftp-ssl-reqd	使用 SSL/TLS 进行数据传输
-G	以 GET 方式传送数据	--help	显示帮助信息
-H	自定义头信息	--key	设置私钥文件名
-I	显示网站的响应头信息	--key-type	设置私钥文件类型
-K	读取指定配置文件	--limit-rate	设置传输速度
-N	禁用缓冲输出	--max-filesize	设置最大下载的文件总量
-s	静默执行模式	--max-redirs	设置最大重定向次数
-T	上传指定文件	--pass	设置密钥密码
-u	设置服务器的用户名和密码	--progress-bar	显示进度条
-U	设置代理的用户名和密码	--verbose	显示执行过程详细信息
--basic	使用 HTTP 基本验证	--version	显示版本信息

参考示例

获取指定网站的网页源码：

```
[root@linuxcool ~]# curl https://www.linuxcool.com
```

```
  % Total      % Received % Xferd Average Speed Time  Time      Time    Current
                                  Dload  Upload Total Spent     Left    Speed
  0      0    0      0    0      0    0      0 --:--:-- --:--:-- --:--:--  0
<!DOCTYPE html>
<html lang="zh-CN">
<head>
<meta http-equiv="X-UA-Compatible"content="IE=Edge">
<meta charset="UTF-8">
................省略部分输出信息................
```

下载指定网站中的文件：

```
[root@linuxcool ~]# curl -O https://www.linuxprobe.com/docs/LinuxProbe.pdf
  % Total      % Received % Xferd Average Speed Time    Time      Time    Current
                                  Dload  Upload Total   Spent     Left    Speed
100 16.8M 100 16.8M    0      0 22.5M      0 --:--:-- --:--:-- --:--:-- 22.5M
```

打印指定网站的 HTTP 响应头信息：

```
[root@linuxcool ~]# curl -I https://www.linuxcool.com
  % Total      % Received % Xferd Average Speed  Time    Time    Time    Current
                                  Dload  Upload  Total   Spent   Left    Speed
  0      0    0      0    0      0    0      0 --:--:-- --:--:-- --:--:--  0
HTTP/2 200
server: Tengine
content-type: text/html; charset=UTF-8
vary: Accept-Encoding
date: Wed, 04 May 2023 06:44:26 GMT
vary: Accept-Encoding
x-powered-by: PHP/7.4.11
vary: Accept-Encoding, Cookie
cache-control: max-age=3, must-revalidate
ali-swift-global-savetime: 1651646666
via: cache3.l2cn1802[235,234,200-0,M], cache17.l2cn1802[236,0], kunlun10.cn257
[403,414,200-0,M], kunlun
2.cn257[417,0]
x-cache: MISS TCP_REFRESH_MISS dirn:0:416601537
x-swift-savetime: Wed, 04 May 2023 06:44:26 GMT
x-swift-cachetime: 3 timing-allow-origin: *
eagleid: ab08f29616516466664417014e
```

下载指定文件服务器中的文件（用户名:密码）：

```
[root@linuxcool ~]# curl -u linuxprobe:redhat ftp://www.linuxcool.com/LinuxProbe.pdf
```

035

vim 命令：文本编辑器

vim 命令的功能是编辑文本内容，是 Linux 系统字符界面下最常用的文本编辑工具，能够编辑任何的 ASCII 格式的文件，可对内容进行创建、查找、替换、修改、删除、复制、粘贴等操作。编写文件时，无须担心目标文件是否存在，若不存在则会自动在内存中创建，并随保存操作输出到硬盘中。

由于深入学习 vi/vim 编辑器的难度较大，无法通过单一词条为读者讲透，如想熟练使用，请参阅《Linux 就该这么学（第 2 版)》一书的 4.1 节。

语法格式：vim 参数 文件名

-b	使用二进制模式	-s	静默执行模式
-c	加载文件后执行指定命令	-T	设置使用指定终端
-e	使用 ex 底层编辑模式	-u	强制使用 vimrc
-m	不允许修改内容	-v	使用 vi 编辑模式
-n	不使用交换分区，强制使用内存	-w	写入脚本输出文件
-N	使用非兼容模式	-x	对文件进行加密
-o	打开指定数量的窗口	-y	使用简易模式
-p	打开指定数量的标签页	-Z	使用受限模式
-r	显示交换文件	--help	显示帮助信息
-R	使用只读模式	--noplugin	不加载插件脚本
--version	显示版本信息	+数字	从指定行开始

参考示例

创建某个文件，并进行编写操作：

```
[root@linuxcool ~]# vim File.cfg
```

打开某个已存在的文件，从第 6 行开始编写：

```
[root@linuxcool ~]# vim +6 File.cfg
```

打开某个已存在的文件，以只读模式进入：

```
[root@linuxcool ~]# vim -R File.cfg
```

tftp 命令：上传及下载文件

tftp 命令来自英文词组 Trivial File Transfer Protocol 的缩写，中文译为"简单文件传输协议"，其功能是基于 TFTP 进行文件传输工作。用户可以通过文字模式将文件上传至远程服务器，亦可以从服务器下载文件到本地主机。

TFTP 基于 UDP/69，不同于 FTP，属于轻量级的传输服务，不具备显示文件列表、断点续传等功能。

语法格式：tftp 参数 域名或 IP 地址

常用参数

-4	基于 IPv4 网络协议	-m	设置传输模式
-6	基于 IPv6 网络协议	-R	设置端口号
-c	执行指定命令行	-v	显示执行过程详细信息
-l	参数全局转义模式	-V	显示版本信息

常用 TFTP 指令

connect	连接远程 TFTP 服务器	status	显示当前状态信息
mode	文件传输模式	binary	二进制传输模式
put	上传指定文件	ascii	ASCII 传送模式
get	下载指定文件	rexmt	设置包传输的最长超时时间
quit	退出 TFTP 服务	timeout	设置重传的最长超时时间
verbose	显示执行过程详细信息	help	显示帮助信息
trace	显示包路径	?	显示帮助信息

参考示例

远程连接至指定服务器：

```
[root@linuxcool ~]# tftp 192.168.10.10
```

下载远程指定服务器中的文件至本地工作目录：

```
tftp> get File1.txt
```

上传本地工作目录中某个文件至远程指定服务器：

```
tftp> put File2.txt
```

退出登录某台远程服务器：

```
tftp> quit
```

chmod 命令：改变文件或目录权限

chmod 命令来自英文词组 change mode 的缩写，其功能是改变文件或目录权限的命令。默认只有文件的所有者和管理员可以设置文件权限，普通用户只能管理自己文件的权限属性。

设置权限时可以使用数字法，亦可使用字母表达式，对于目录文件，建议加入-R 参数进行递归操作，这意味着不仅对于目录本身，而且也对目录内的子文件/目录进行新权限的设定。

语法格式：chmod 参数 文件名

常用参数

-c	改变权限成功后再输出成功信息	--no-preserve-root	不特殊对待根目录
-f	改变权限失败后不显示错误信息	--preserve-root	禁止对根目录进行递归操作
-R	递归处理所有子文件	--reference	使用指定参考文件的权限
-v	显示执行过程详细信息	--version	显示版本信息
--help	显示帮助信息		

参考示例

设定某个文件的权限为 775：

```
[root@linuxcool ~]# chmod 775 File.cfg
```

设定某个文件让任何人都可以读取：

```
[root@linuxcool ~]# chmod a+r File.cfg
```

设定某个目录及其内部的子文件可被任何人读取：

```
[root@linuxcool ~]# chmod -R a+r Dir
```

为某个二进制命令文件新增 SUID 特殊权限位：

```
[root@linuxcool ~]# chmod u+s /sbin/reboot
```

038 chown 命令：改变文件或目录的用户和用户组

chown 命令来自英文词组 change owner 的缩写，其功能是改变文件或目录的用户和用户组信息。管理员可以改变一切文件的所属信息，而普通用户只能改变自己文件的所属信息。

语法格式：chown 参数 所属主:所属组 文件名

参数	说明	参数	说明
-c	显示所属变更信息	-v	显示执行过程详细信息
-f	若该文件拥有者无法被更改也不显示错误	--help	显示帮助信息
-h	仅对链接文件（而非真正指向的文件）进行更改	--no-preserve-root	不特殊对待根目录
-P	不遍历任何符号链接	--preserve-root	不允许在根目录上执行递归操作
-R	递归处理所有子文件	--version	显示版本信息

参考示例

改变指定文件的所属主与所属组：

```
[root@linuxcool ~]# chown root:root File.txt
```

改变指定文件的所属主与所属组，并显示过程：

```
[root@linuxcool ~]# chown -c linuxprobe:linuxprobe /Dir
changed ownership of '/Dir' from root:root to linuxprobe:linuxprobe
```

改变指定目录及其内部所有子文件的所属主与所属组：

```
[root@linuxcool ~]# chown -R root:root /Dir
```

039

dhclient 命令：动态获取或释放 IP 地址

dhclient 命令来自英文词组 DHCP client 的缩写，其功能是动态获取或释放 IP 地址。使用 dhclient 命令前，需要将网卡模式设置成 DHCP 自动获取，否则静态模式的网卡不会主动向服务器获取如 IP 地址等网卡信息。

语法格式：dhclient 参数 网卡名

常用参数

-4	基于 IPv4 网络协议	-r	释放 IP 地址
-6	基于 IPv6 网络协议	-s	在获取 IP 地址前指定 DHCP 服务器
-d	以前台方式运行	-v	显示执行过程详细信息
-F	设置向 DHCP 服务器发送的 FQDN	-V	设置要发送给 DHCP 服务器的厂商类标识符
-H	设置向 DHCP 服务器发送的主机名	-w	即使没有找到广播接口，也继续运行
-n	不配置任何接口	-x	停止 DHCP 客户端，而不释放当前租约
-p	设置 DHCP 客户端监听的端口号	--timeout	设置最大响应超时时间
-q	静默执行模式	--version	显示版本信息

参考示例

通过指定网卡发起 DHCP 请求，获取网卡参数：

```
[root@linuxcool ~]# dhclient ens160
```

释放系统中已获取的网卡参数：

```
[root@linuxcool ~]# dhclient -r
Killed old client process
```

向指定的服务器请求获取网卡参数：

```
[root@linuxcool ~]# dhclient -s 192.168.10.10
```

手动停止执行 dhclient 服务进程：

```
[root@linuxcool ~]# dhclient -x
Removed stale PID file
```

ping 命令：测试主机间网络连通性

ping 命令的功能是测试主机间网络的连通性，它发送出基于 ICMP 传输协议的数据包，要求对方主机予以回复。若对方主机的网络功能没有问题且防火墙放行流量，则就会回复该信息，我们也就可得知对方主机系统在线并运行正常了。

不过值得注意的是，ping 命令在 Linux 下与在 Windows 下有一定差异，Windows 系统下的 ping 命令会发送出去 4 个请求后自动结束该命令；而 Linux 系统则不会自动终止，需要用户手动按下 Ctrl+C 组合键才能结束，或是发起命令时加入-c 参数限定发送数据包的个数。

语法格式：ping 参数 域名或 IP 地址

常用参数

-4	基于 IPv4 网络协议	-I	使用指定的网络接口送出数据包
-6	基于 IPv6 网络协议	-n	仅输出数值
-a	发送数据时发出鸣响声	-p	设置填满数据包的范本样式
-b	允许 ping 一个广播地址	-q	静默执行模式
-c	设置发送数据包的次数	-R	记录路由过程信息
-d	使用接口的 SO_DEBUG 功能	-s	设置数据包的大小
-f	使用泛洪模式大量向目标发送数据包	-t	设置存活数值 TTL 的大小
-h	显示帮助信息	-v	显示执行过程详细信息
-i	设置收发信息的间隔时间	-V	显示版本信息

参考示例

测试与指定域名之间的网络连通性（需手动按下 Ctrl+C 组合键结束命令）：

```
[root@linuxcool ~]# ping www.linuxcool.com
PING www.linuxcool.com.w.kunlunar.com (222.85.26.229) 56(84) bytes of data.
64 bytes from www.linuxcool.com (222.85.26.229): icmp_seq=1 ttl=52 time=22.4 ms
64 bytes from www.linuxcool.com (222.85.26.229): icmp_seq=2 ttl=52 time=22.4 ms
64 bytes from www.linuxcool.com (222.85.26.229): icmp_seq=3 ttl=52 time=22.4 ms
64 bytes from www.linuxcool.com (222.85.26.229): icmp_seq=4 ttl=52 time=22.4 ms
^C
--- www.linuxcool.com.w.kunlunar.com ping statistics ---
5 packets transmitted, 5 received, 0% packet loss, time 4005ms
rtt min/avg/max/mdev = 22.379/22.389/22.400/0.094 ms
```

测试与指定主机之间的网络连通性，发送请求包限定为 4 个：

```
[root@linuxcool ~]# ping -c 4 192.168.10.10
PING 192.168.10.10 (192.168.10.10) 56(84) bytes of data.
64 bytes from 192.168.10.10: icmp_seq=1 ttl=64 time=0.063 ms
```

```
64 bytes from 192.168.10.10: icmp_seq=2 ttl=64 time=0.088 ms
64 bytes from 192.168.10.10: icmp_seq=3 ttl=64 time=0.049 ms
64 bytes from 192.168.10.10: icmp_seq=4 ttl=64 time=0.046 ms

--- 192.168.10.10 ping statistics ---
4 packets transmitted, 4 received, 0% packet loss, time 110ms
rtt min/avg/max/mdev = 0.046/0.061/0.088/0.018 ms
```

测试与指定域名之间的网络连通性，发送请求包限定为 4 个：

```
[root@linuxcool ~]# ping -c 4 www.linuxcool.com
PING www.linuxcool.com (222.85.26.234) 56(84) bytes of data.
64 bytes from www.linuxcool.com (222.85.26.234): icmp_seq=1 ttl=52 time=24.7 ms
64 bytes from www.linuxcool.com (222.85.26.234): icmp_seq=2 ttl=52 time=24.7 ms
64 bytes from www.linuxcool.com (222.85.26.234): icmp_seq=3 ttl=52 time=24.7 ms
64 bytes from www.linuxcool.com (222.85.26.234): icmp_seq=4 ttl=52 time=24.7 ms

--- www.linuxcool.com.w.kunlunar.com ping statistics ---
4 packets transmitted, 4 received, 0% packet loss, time 3005ms
rtt min/avg/max/mdev = 24.658/24.664/24.673/0.111 ms
```

测试与指定主机之间的网络连通性，发送 3 个请求包，每次间隔 0.2s，最长等待时间为 3s：

```
[root@linuxcool ~]# ping -c 3 -i 0.2 -W 3 192.168.10.10
64 bytes from 192.168.10.10: icmp_seq=1 ttl=64 time=0.166 ms
64 bytes from 192.168.10.10: icmp_seq=2 ttl=64 time=0.060 ms
64 bytes from 192.168.10.10: icmp_seq=3 ttl=64 time=0.113 ms

--- 192.168.10.10 ping statistics ---
3 packets transmitted, 3 received, 0% packet loss, time 410ms
rtt min/avg/max/mdev = 0.060/0.113/0.166/0.043 ms
```

fdisk 命令：管理磁盘分区

fdisk 的意思是固定磁盘（fixed disk）或格式化磁盘（format disk），该命令的功能是管理磁盘的分区信息。

fdisk 命令可以用来对磁盘进行分区操作，用户可以根据实际情况对磁盘进行合理划分，这样后期挂载和使用时会方便很多。

语法格式：fdisk 参数 设备名

常用参数

-b	设置每个分区的大小	-l	显示指定的外围设备分区表状态
-c	关闭 DOS 兼容模式	-s	显示指定的分区大小
-C	设置硬盘的柱面数量	-S	设置每个磁道的扇区数
-h	显示帮助信息	-u	以分区数目代替柱面数目
-H	设置硬盘的磁头数	-v	显示版本信息

参考示例

查看当前系统的分区情况：

```
[root@linuxcool ~]# fdisk -l
Disk /dev/sda: 20 GiB, 21474836480 bytes, 41943040 sectors
Units: sectors of 1 * 512 = 512 bytes
Sector size (logical/physical): 512 bytes / 512 bytes
I/O size (minimum/optimal): 512 bytes / 512 bytes
Disklabel type: dos
Disk identifier: 0x5f1d8ee5

Device     Boot    Start      End   Sectors  Size  Id Type
/dev/sda1  *        2048  2099199   2097152    1G  83 Linux
/dev/sda2        2099200 41943039  39843840   19G  8e Linux LVM
·················省略部分输出信息·················
```

管理指定硬盘的分区（具体过程可以参考《Linux 就该这么学（第 2 版）》第 6 章）：

```
[root@linuxcool ~]# fdisk /dev/sda
Welcome to fdisk (util-linux 2.32.1).
Changes will remain in memory only, until you decide to write them.
Be careful before using the write command.

Command (m for help): n
All space for primary partitions is in use.
Command (m for help): m

Help:
  DOS (MBR) a toggle
```

```
   a bootable flag
   b edit nested BSD disklabel
   c toggle the dos compatibility flag

Generic
   d delete a partition
   F list free unpartitioned space
   l list known partition types
   n add a new partition
   p print the partition table
   t change a partition type
   v verify the partition table
   i print information about a partition

Misc
   m print this menu
   u change display/entry units
   x extra functionality (experts only)

Script
   I load disk layout from sfdisk script file
   O dump disk layout to sfdisk script file

Save & Exit
   w write table to disk and exit
   q quit without saving changes

Create a new label
   g create a new empty GPT partition table
   G create a new empty SGI (IRIX) partition table
   o create a new empty DOS partition table
   s create a new empty Sun partition table
·················省略部分输出信息·················
```

042

touch 命令：创建空文件与修改时间戳

touch 命令的功能是创建空文件与修改时间戳。如果文件不存在，则会创建一个空内容的文本文件；如果文件已经存在，则会对文件的 Atime（访问时间）和 Ctime（修改时间）进行修改操作，管理员可以完成此项工作，而普通用户只能管理主机的文件。

语法格式： touch 参数 文件名

-a	设置文件的读取时间记录	-t	设置文件的时间记录
-c	不创建新文件	--help	显示帮助信息
-d	设置时间与日期	--version	显示版本信息
-m	设置文件的修改时间记录		

参考示例

创建出一个指定名称的空文件：

```
[root@linuxcool -]# touch File.txt
```

结合通配符，创建多个指定名称的空文件：

```
[root@linuxcool ~]# touch File{1..5}.txt
```

修改指定文件的查看时间和修改时间：

```
[root@linuxcool ~]# touch -d "2023-05-18 15:44" File.cfg
[root@linuxcool ~]# stat File.cfg
  File: File.cfg
  Size: 1256          Blocks: 8         IO Block: 4096    regular file
Device: fd00h/64768d   Inode: 35319937    Links: 1
Access: (0600/-rw-------)  Uid: (    0/    root)  Gid: (    0/    root)
Context: system_u:object_r:admin_home_t:s0
Access: 2023-05-18 15:44:00.000000000 +0800
Modify: 2023-05-18 15:44:00.000000000 +0800
Change: 2023-05-06 15:43:47.843170709 +0800
 Birth: -
```

man 命令：查看帮助信息

man 命令来自英文单词 manual 的缩写，中文译为"帮助手册"，其功能是查看命令、配置文件及服务的帮助信息。一般而言，网上搜索来的资料普遍不够准确，或者缺乏系统性，导致学习进度缓慢，而 man 命令作为权威的官方工具，很好地解决了上述两点弊病。一份完整的帮助信息包含以下信息。

man 文档的结构和含义

NAME	命令的名称	OPTIONS	具体的可用选项
SYNOPSIS	参数的大致使用方法	ENVIRONMENT	环境变量
DESCRIPTION	介绍说明	FILES	用到的文件
EXAMPLES	演示	SEE ALSO	相关的资料
OVERVIEW	概述	HISTORY	维护历史与联系方式
DEFAULTS	默认的功能		

语法格式：man 参数 对象

常用参数

-a	在所有手册页中搜索关键词	-p	显示函数的原型
-C	指定用户的配置文件	-R	以指定编码输出手册内容
-d	显示调式信息	-S	指定搜索的手册页类型列表
-d	检查新加入的文件是否有错误	-w	显示文件所在位置
-f	显示指定关键字的简短描述信息	--encoding	使用指定编码输出手册页内容
-i	忽略大小写	--help	显示帮助信息
-I	区分大小写	--regex	使用正则表达式搜索手册
-K	在所有手册页中搜索字符串	--usage	显示简短使用方法
-l	格式化和显示本地手册文件	--version	显示版本信息
-M	指定手册搜索的路径	--wildcard	使用通配符搜索手册

快捷键

b	上翻一页	q	退出
Enter	按行下翻	/字符串	在手册中查找字符串
Space	按页下翻		

参考示例

查看指定命令的帮助信息：

```
[root@linuxcool ~]# man ls
```

查看指定配置文件的帮助信息：

```
[root@linuxcool ~]# man 5 passwd
```

找到某个命令的帮助信息的存储位置：

```
[root@linuxcool ~]# man -w ls
/usr/share/man/man1/ls.1.gz
```

找到某个配置文件的帮助信息的存储位置：

```
[root@linuxcool ~]# man -w 5 passwd
/usr/share/man/man5/passwd.5.gz
```

044 ifconfig 命令：显示或设置网络设备参数信息

ifconfig 命令来自英文词组 network interfaces configuring 的缩写，其功能是显示或设置网络设备参数信息。在 Windows 系统中，与之类似的命令为 ipconfig，同样的功能可以使用 ifconfig 去完成。

通常不建议使用 ifconfig 命令配置网络设备的参数信息，因为一旦服务器重启，配置过的参数会自动失效，因此还是编写到配置文件中更稳妥。

语法格式：ifconfig 参数 网卡名 动作

常用参数

-a	显示所有网卡状态	-v	显示执行过程详细信息
-s	显示简短状态列表		

常用动作

add	设置网络设备的 IP 地址	down	关闭指定的网络设备
del	删除网络设备的 IP 地址	up	启动指定的网络设备

参考示例

显示系统的网络设备信息：

```
[root@linuxcool ~]# ifconfig
ens160: flags=4163<UP,BROADCAST,RUNNING,MULTICAST>mtu 1500
        inet 192.168.10.10 netmask 255.255.255.0 broadcast 192.168.10.255
        inet6 fe80::4d16:980c:e0fe:51c2 prefixlen 64 scopeid 0x20
        ether 00:0c:29:60:cd:ee txqueuelen 1000 (Ethernet)
        RX packets 407 bytes 34581 (33.7 KiB)
        RX errors 0 dropped 0 overruns 0 frame 0
        TX packets 59 bytes 6324 (6.1 KiB)
        TX errors 0 dropped 0 overruns 0 carrier 0 collisions 0
················省略部分输出信息··················
```

对指定的网卡设备依次进行关闭和启动操作：

```
[root@linuxcool ~]# ifconfig ens160 down
[root@linuxcool ~]# ifconfig ens160 up
```

对指定的网卡设备执行 IP 地址修改操作：

```
[root@linuxcool ~]# ifconfig ens160 192.168.10.20 netmask 255.255.255.0
```

对指定的网卡设备执行 MAC 地址修改操作：

```
[root@linuxcool ~]# ifconfig ens160 hw ether 00:aa:bb:cc:dd:ee
```

对指定的网卡设备依次进行 ARP 协议关闭和开启操作：

```
[root@linuxcool ~]# ifconfig ens160 -arp
[root@linuxcool ~]# ifconfig ens160 arp
```

lsblk 命令：查看系统的磁盘使用情况

lsblk 命令来自英文词组 list block devices 的缩写，其功能是查看系统的磁盘使用情况。

语法格式：lsblk 参数

常用参数

-a	显示所有设备信息	-m	显示权限信息
-b	显示以字节为单位的设备大小	-n	不显示标题
-e	排除指定设备	-o	输出列信息
-f	显示文件系统信息	-P	使用 key=value 格式显示信息
-h	显示帮助信息	-r	使用原始格式显示信息
-i	仅使用字符	-t	显示拓扑结构信息
-l	使用列表格式显示	-V	显示版本信息

参考示例

显示系统中所有磁盘设备的使用情况信息：

```
[root@linuxcool ~]# lsblk -a
NAME            MAJ:MIN RM   SIZE RO TYPE MOUNTPOINT
sda               8:0    0    20G  0 disk
├─sda1            8:1    0     1G  0 part /boot
└─sda2            8:2    0    19G  0 part
  ├─rhel-root   253:0    0    17G  0 lvm  /
  └─rhel-swap   253:1    0     2G  0 lvm  [SWAP]
sr0              11:0    1   6.6G  0 rom  /media/cdrom
```

显示系统中磁盘设备的归属及权限信息：

```
[root@linuxcool ~]# lsblk -m
NAME            SIZE OWNER GROUP MODE
sda              20G root  disk  brw-rw----
├─sda1            1G root  disk  brw-rw----
└─sda2           19G root  disk  brw-rw----
  ├─rhel-root   17G root  disk  brw-rw----
  └─rhel-swap    2G root  disk  brw-rw----
sr0             6.6G root  cdrom brw-rw----
```

显示系统中所有 SCSI 类型的磁盘设备信息：

```
[root@linuxcool ~]# lsblk -S
NAME HCTL      TYPE VENDOR   MODEL           REV  TRAN
sda  2:0:0:0   disk ATA      VMware Virtual S 0001 sata
sr0  3:0:0:0   rom  NECVMWar VMware SATA CD01 1.00 sata
```

useradd 命令：创建并设置用户信息

useradd 命令的功能是创建并设置用户信息。使用 useradd 命令可以自动完成用户信息、基本组、家目录等的创建工作，并在创建过程中对用户初始信息进行定制。

针对已创建的用户，则需使用 chmod 命令修改用户信息，使用 passwd 命令修改密码信息。

语法格式：useradd 参数 用户名

参考示例

创建指定的用户信息：

```
[root@linuxcool ~]# useradd linuxprobe
```

创建指定的用户信息，但不创建家目录，亦不让登录系统：

```
[root@linuxcool ~]# useradd -M -s /sbin/nologin linuxprobe
```

创建指定的用户信息，并自定义 UID 值：

```
[root@linuxcool ~]# useradd -u 6688 linuxprobe
```

创建指定的用户信息，并追加指定组为该用户的扩展组：

```
[root@linuxcool ~]# useradd -G root linuxprobe
```

创建指定的用户信息，并指定过期时间：

```
[root@linuxcool ~]# useradd -e "2024/01/01" linuxprobe
```

047

adduser 命令：创建用户

adduser 命令的功能是创建用户。adduser 实际上并不是一个真正的命令，而仅仅是 useradd 的一别名命令，因此这两个命令的使用方法完全相同。

语法格式：adduser 参数 用户名

-c	设置备注文件	-m	自动创建用户的登录目录
-d	设置家目录	-M	不要创建用户的登录目录
-D	变更默认值	-n	不要创建与用户同名的组
-e	设置用户的使用期限	-o	允许重复创建相同 UID 的用户
-f	设置在密码过期多少天后即关闭该用户	-r	建立系统用户
-g	设置用户所属的基本组	-s	设置用户登录后所使用的 shell
-G	设置用户所属的扩展组	-u	设置用户 ID 值
-h	显示帮助信息	-U	创建与用户同名的组
-k	设置家目录内初始化文件	-Z	设置登录时映射的 SELinux 用户
-l	不将用户信息加入最近登录与登录失败数据库中		

参考示例

创建指定名称的用户：

```
[root@linuxcool ~]# adduser linuxprobe
```

创建指定名称的用户，并设置用户有效期：

```
[root@linuxcool ~]# adduser -e 18/05/2024 linuxprobe
```

创建指定名称的用户，并添加扩展组：

```
[root@linuxcool ~]# adduser -G root linuxprobe
```

创建指定名称的用户，并设置家目录名称：

```
[root@linuxcool ~]# adduser -d /home/linux linuxprobe
```

usermod 命令：修改用户信息

usermod 命令来自英文词组 user modify 的缩写，其功能是修改用户信息中的各项参数。在创建用户后如果发现信息错误，可以不用删除，而是用 usermod 命令直接修改用户信息，并且参数会立即生效。

语法格式： usermod 参数 用户名

常用参数

-a	将用户添加至扩展组中	-L	锁定用户密码，使密码立即失效
-c	修改用户的备注文字	-m	将用户家目录内容移动到新位置
-d	修改用户登录时的家目录	-o	允许重复的用户 ID
-e	修改用户的有效期限	-p	设置用户的新密码
-f	设置在密码过期多少天后关闭该用户	-s	修改用户登录后使用的 Shell 终端
-g	修改用户所属的基本群	-u	修改用户的 ID
-G	修改用户所属的扩展群	-U	解除密码锁定，使密码恢复正常
-l	修改用户名称	-Z	设置用户的 SELinux 映射用户

参考示例

修改指定用户的家目录路径：

```
[root@linuxcool ~]# usermod -d /home linuxprobe
```

修改指定用户的 ID：

```
[root@linuxcool ~]# usermod -u 6688 linuxprobe
```

修改指定用户的名称为 linuxcool：

```
[root@linuxcool ~]# usermod -l linuxcool linuxprobe
```

锁定指定的用户，临时不允许登录系统：

```
[root@linuxcool ~]# usermod -L linuxcool
```

解锁指定的用户，再次允许登录系统：

```
[root@linuxcool ~]# usermod -U linuxcool
```

049 **userdel 命令：删除用户**

userdel 命令来自英文词组 user delete 的缩写，其功能是删除用户信息。在 Linux 系统中，一切都是文件，用户信息被保存到了/etc/passwd、/etc/shadow 以及/etc/group 文件中，因此使用 userdel 命令实际上就是删除指定用户在上述 3 个文件中的对应信息。

语法格式：userdel 参数 用户名

常用参数

-f	强制删除用户而不询问	-r	删除用户的家目录及其内全部子文件
-h	显示帮助信息	-Z	删除用户的 SELinux 映射用户

参考示例

删除指定的用户信息：

```
[root@linuxcool ~]# userdel linuxprobe
```

删除指定的用户信息及家目录：

```
[root@linuxcool ~]# userdel -r linuxprobe
```

050

groupadd 命令：创建新的用户组

groupadd 命令的功能是创建新的用户组。每个用户在创建时都有一个与其同名的基本组，后期可以使用 groupadd 命令创建出新的用户组信息，让多个用户加入指定的扩展组，从而为后续的工作提供了良好的文档共享环境。

语法格式：groupadd 参数 用户组

常用参数

-f	若用户组已存在，则以成功状态退出	-o	允许创建重复 ID 的用户组
-g	设置用户组 ID	-p	设置用户组密码
-h	显示帮助信息	-r	创建系统用户组
-K	覆盖配置文件/etc/login.defs		

参考示例

创建一个新的用户组：

```
[root@linuxcool ~]# groupadd linuxprobe
```

创建一个新的用户组，并指定用户组 ID：

```
[root@linuxcool ~]# groupadd -g 6688 linuxprobe
```

创建一个新的用户组，设定为系统工作组：

```
[root@linuxcool ~]# groupadd -r linuxprobe
```

id 命令：显示用户与用户组信息

id 命令的功能是显示用户与用户组信息。UID 是用户身份的唯一识别号码，相当于我们的身份证号码，而 GID 则是用户组的唯一识别号码。用户仅有一个基本组，但可以有多个扩展组。

语法格式：id 参数 用户名

常用参数

-g	显示用户所属基本组的 ID（GID）	-Z	显示用户的安全上下文
-G	显示用户所属扩展组的 ID（GID）	--help	显示帮助信息
-n	显示用户所属基本组或扩展组的名称	--version	显示版本信息
-u	显示用户的 ID（UID）		

参考示例

显示当前用户的身份信息：

```
[root@linuxcool ~]# id
uid=0(root) gid=0(root) groups=0(root) context=unconfined_u:unconfined_r:
unconfined_t:s0-s0:c0.c1023
```

显示当前用户的所属群组的 ID（GID）：

```
[root@linuxcool ~]# id -g
0
```

显示当前用户的 ID（UID）：

```
[root@linuxcool ~]# id -u
0
```

查询当前用户的身份信息：

```
[root@linuxcool ~]# id linuxprobe
uid=1000(linuxprobe) gid=1000(linuxprobe) groups=1000(linuxprobe)
```

mkfs.ext4 命令：对磁盘设备进行 EXT4 格式化

mkfs.ext4 命令来自英文词组 make filesystem Ext4 的缩写,其功能是对磁盘设备进行 EXT4 格式化操作。

语法格式：mkfs.ext4 参数 设备名

常用参数

-b	设置文件数据块大小	-m	设置为管理员保留的文件系统块的百分比
-c	格式化前检查分区是否有坏块	-M	设置文件系统的最后挂载目录
-E	设置文件系统扩展选项	-o	覆盖文件系统的"创建者操作系统"字段的默认值
-f	以字节为单位指定片段大小	-O	使用指定的特性创建一个文件系统
-F	强制格式化而不询问	-q	静默执行模式
-g	设置一个块组中的块数	-t	设置要创建的文件系统类型
-i	设置字节和节点的比率	-U	使用指定的 UUID 创建文件系统
-I	设置每个节点的大小	-V	显示版本信息
-l	读取文件名中的坏块列表		

参考示例

检查指定的磁盘设备并进行格式化操作：

```
[root@linuxcool ~]# mkfs.ext4 -c /dev/sdb
mke2fs 1.44.3 (10-July-2018)
Creating filesystem with 5242880 4k blocks and 1310720 inodes
Filesystem UUID: 2468ba17-0d37-4900-b67e-5f3a24084fc5
Superblock backups stored on blocks:
        32768, 98304, 163840, 229376, 294912, 819200, 884736, 1605632, 2654208,
        4096000

Checking for bad blocks (read-only test): 0.00% done, 0:00 elapsed. (0/0/0 errdone
Allocating group tables: done
Writing inode tables: done
Creating journal (32768 blocks): done
Writing superblocks and filesystem accounting information: done
```

对指定的磁盘设备直接进行格式化操作：

```
[root@linuxcool ~]# mkfs.ext4 /dev/sdb
mke2fs 1.44.3 (10-July-2018)
Creating filesystem with 5242880 4k blocks and 1310720 inodes
Filesystem UUID: 62ccf385-efef-41ab-8938-bfd65bac7066
Superblock backups stored on blocks:
```

```
         32768, 98304, 163840, 229376, 294912, 819200, 884736, 1605632, 2654208,
         4096000

Allocating group tables: done
Writing inode tables: done
Creating journal (32768 blocks): done
Writing superblocks and filesystem accounting information: done
```

对指定的磁盘设备进行格式化操作，保留 5%容量给管理员：

```
[root@linuxcool ~]# mkfs.ext4 -m 5 /dev/sdb
mke2fs 1.44.3 (10-July-2018)
Creating filesystem with 5242880 4k blocks and 1310720 inodes
Filesystem UUID: a3a61300-5195-44c7-be1c-dcf9ba0fbfbe
Superblock backups stored on blocks:
  32768, 98304, 163840, 229376, 294912, 819200, 884736, 1605632, 2654208,   4096000

Allocating group tables: done
Writing inode tables: done
Creating journal (32768 blocks): done
Writing superblocks and filesystem accounting information: done
```

对指定的磁盘设备进行格式化操作，添加卷标识，并修改块大小：

```
[root@linuxcool ~]# mkfs.ext4 -L 'LinuxCool' -b 2048 /dev/sdb
mke2fs 1.44.3 (10-July-2018)
Creating filesystem with 10485760 2k blocks and 1310720 inodes
Filesystem UUID: 73ad248c-2a01-49dd-aa46-8770ecbc56fd
Superblock backups stored on blocks:
        16384, 49152, 81920, 114688, 147456, 409600, 442368, 802816, 1327104,
        2048000, 3981312, 5619712, 10240000

Allocating group tables: done
Writing inode tables: done
Creating journal (65536 blocks): done
Writing superblocks and filesystem accounting information: done
```

053

uname 命令：显示系统内核信息

uname 命令来自英文词组 UNIX name 的缩写，其功能是查看系统主机名、内核及硬件架构等信息。如果不加任何参数，默认仅显示系统内核名称（相当于-s 参数）的作用。

语法格式： uname 参数

-a	显示系统所有相关信息	-r	显示内核发行版本号
-i	显示硬件平台	-s	显示内核名称
-m	显示计算机硬件架构	-v	显示内核版本
-n	显示主机名称	--help	显示帮助信息
-o	显示操作系统名称	--version	显示版本信息
-p	显示主机处理器类型		

显示系统内核名称：

```
[root@linuxcool ~]# uname
Linux
```

显示系统所有相关信息（含内核名称、主机名、版本号及硬件架构）：

```
[root@linuxcool ~]# uname -a
Linux linuxcool.com 4.18.0-80.el8.x86_64 #1 SMP Wed Mar 13 12:02:46 UTC 2019 x86_64 x86_64
x86_64 GNU/Linux
```

显示系统内核版本号：

```
[root@linuxcool ~]# uname -r
4.18.0-80.el8.x86_64
```

显示系统硬件架构：

```
[root@linuxcool ~]# uname -i
x86_64
```

054

rmdir 命令：删除空目录文件

rmdir 命令来自英文词组 remove directory 的缩写，其功能是删除空目录文件。rmdir 命令仅能删除空内容的目录文件，如需删除非空目录时，需要使用带有-R 参数的 rm 命令进行操作。而 rmdir 命令的递归删除操作（-p 参数使用）并不意味着能删除目录中已有的文件，而是要求每个子目录都必须是空的。

语法格式：rmdir 参数 目录名

常用参数

-p	递归处理所有子文件	--help	显示帮助信息
-v	显示执行过程详细信息	--version	显示版本信息

参考示例

删除指定的空目录：

```
[root@linuxcool ~]# rmdir Dir
```

删除指定的空目录及其内部的子空目录：

```
[root@linuxcool ~]# rmdir -p Dir
```

删除指定的空目录并显示删除的过程：

```
[root@linuxcool ~]# rmdir -v Dir
rmdir: removing directory, 'Dir'
```

du 命令：查看文件或目录的大小

du 命令来自英文词组 disk usage 的缩写，其功能是查看文件或目录的大小。人们经常会把 df 和 du 命令混淆，df 是用于查看磁盘或分区使用情况的命令，而 du 命令则是用于按照指定容量单位来查看文件或目录在磁盘中的占用情况。

语法格式：du 参数 文件名

常用参数

-a	显示目录中所有文件大小	-m	以 MB 为单位显示文件大小
-b	以 B 为单位显示文件大小	-P	不显示符号链接对应原文件的大小
-c	显示占用磁盘空间的大小总和	-s	显示子目录总大小
-D	显示符号链接对应原文件的大小	-S	不显示子目录大小
-g	以 GB 为单位显示文件大小	-X	排除指定文件
-h	使用易读格式显示文件大小	--help	显示帮助信息
-k	以 KB 为单位显示文件大小	--version	显示版本信息

参考示例

以易读的容量格式显示指定目录内各个文件的大小信息：

```
[root@linuxcool ~]# du -h /etc
28K     /etc/dnf/modules.d
20K     /etc/dnf/plugins
12K     /etc/dnf/protected.d
64K     /etc/dnf
16K     /etc/fonts/conf.d
20K     /etc/fonts
……………省略部分输出信息……………
```

以易读的格式显示指定目录内总文件的大小信息：

```
[root@linuxcool ~]# du -sh /Dir
29M     /Dir
```

显示指定文件的大小信息（默认单位为 KB）：

```
[root@linuxcool ~]# du File.cfg
4       File.cfg
```

056 yum 命令：基于 RPM 的软件包管理器

yum 命令来自英文词组 yellow dog updater modified 的缩写，其功能是在 Linux 系统中基于 RPM 技术进行软件包的管理工作。yum 技术通用于 RHEL、CentOS、Fedora、OpenSUSE 等主流系统，可以让系统管理人员交互式地自动化更新和管理软件包，实现从指定服务器自动下载、更新、删除软件包的工作。

yum 软件仓库及命令能够自动处理软件依赖关系，一次性安装所需的全部软件，无须烦琐的操作。

语法格式：yum 参数 动作 软件包

常用参数

-c	设置配置文件路径	-q	静默执行模式
-C	缓存中运行，不下载或更新任何头文件	-R	设置最大等待时间
-d	设置调试等级（0～10）	-t	检查外部错误
-e	设置错误等级（0～10）	-v	显示执行过程详细信息
-h	显示帮助信息	-y	所有询问均回答自动 yes

常用动作

install	安装软件包	clean	清理过期的缓存
update	更新软件包	shell	设置使用的 shell 提示符
check-update	检查是否有可用的更新软件包	resolvedep	显示软件包的依赖关系
remove	删除软件包	localinstall	安装本地软件包
list	显示软件包的信息	localupdate	更新本地软件包
search	搜索指定软件包	deplist	显示软件包的依赖关系
info	显示指定软件包的描述和概要信息		

参考示例

清理原有的软件仓库信息缓存：

```
[root@linuxcool ~]# yum clean all
```

建立最新的软件仓库信息缓存：

```
[root@linuxcool ~]# yum makecache
```

安装指定的服务及相关软件包：

```
[root@linuxcool ~]# yum install httpd
………………省略输出信息………………
```

更新指定的服务及相关软件包：

```
[root@linuxcool ~]# yum update httpd
…………………省略输出信息…………………
```

卸载指定的服务及相关软件包：

```
[root@linuxcool ~]# yum remove httpd
…………………省略输出信息…………………
```

显示可安装的软件包组列表：

```
[root@linuxcool ~]# yum grouplist
```

显示指定服务的软件信息：

```
[root@linuxcool ~]# yum info httpd
```

057 scp 命令：基于 SSH 协议远程复制文件

scp 命令来自英文词组 secure copy 的缩写，其功能是基于 SSH 协议远程复制文件。scp 命令可以在多台 Linux 系统之间复制文件或目录，它有些类似于 cp 命令的功能，但复制的范围却不是本地，而是网络上的另一台主机。

由于 scp 命令是基于 SSH 协议进行的复制操作，全部数据都是加密的，因此会比 HTTP 和 FTP 更加安全。

语法格式：scp 参数 文件或目录名 远程服务器信息

常用参数

-1	使用 SSH 协议版本 1	-l	设置宽带限制
-2	使用 SSH 协议版本 2	-o	设置 ssh 服务选项
-4	基于 IPv4 网络协议	-P	设置远程主机的端口号
-6	基于 IPv6 网络协议	-p	保留文件的修改时间、访问时间和权限属性
-B	使用批处理模式	-q	静默执行模式
-c	使用指定密钥对传输文件进行加密	-r	递归处理所有子文件
-C	使用压缩模式	-S	设置加密传输时所使用的程序
-F	设置 ssh 配置文件路径	-v	显示执行过程详细信息
-i	从指定文件中读取传输文件的密钥		

参考示例

将某个本地文件复制到指定的远程主机的指定目录中：

```
[root@linuxcool ~]# scp File.cfg 192.168.10.10:/Dir
```

将指定远程主机中的某个文件复制到本地家目录中：

```
[root@linuxcool ~]# scp 192.168.10.10:/Dir/File.cfg /root
```

将某个本地目录复制到指定的远程主机的指定目录中：

```
[root@linuxcool ~]# scp -r Dir 192.168.10.10:/Dir
```

将指定远程主机中的某个目录复制到本地家目录中：

```
[root@linuxcool ~]# scp -r 192.168.10.10:/Dir /root
```

将某个本地文件复制到指定的远程主机的指定目录中，指定要使用的传输用户身份，并保留原始文件的权限属性：

```
[root@linuxcool ~]# scp -p File.cfg linuxprobe@192.168.10.10:/Dir
```

top 命令：实时显示系统运行状态

top 命令的功能是实时显示系统运行状态，包含处理器、内存、服务、进程等重要资产信息。运维工程师们常常会把 top 命令比作"加强版的 Windows 任务管理器"，因为除了能看到常规的服务进程信息之外，还能够对处理器和内存的负载情况一目了然，实时感知系统全局的运行状态。top 命令非常适合作为接手服务器后执行的第一条命令。

语法格式：top 参数 对象

常用参数

-a	按内存使用情况排序	-n	设置显示的总次数，完成后自动退出
-b	使用批处理模式，不进行交互式显示	-p	仅显示指定进程 ID
-c	使用显示模式	-s	使用安全模式，不允许交互式指令
-d	设置显示的更新速度	-u	仅显示与指定用户 ID
-h	显示帮助信息	-v	使用线程模式
-i	不显示任何闲置或僵死的行程	-w	设置显示的宽度
-M	显示内存单位		

参考示例

以默认格式显示系统运行信息：

```
[root@linuxcool ~]# top
```

以默认格式显示系统运行信息，但提供完整的进程路径及名称：

```
[root@linuxcool ~]# top -c
```

以批处理模式显示程序信息：

```
[root@linuxcool ~]# top -b
```

设定每隔 5 秒刷新一次信息：

```
[root@linuxcool ~]# top -d 5
```

设定总显示次数为 5 次，随后自动退出命令：

```
[root@linuxcool ~]# top -n 5
```

059 wc 命令：统计文件的字节数、单词数、行数

wc 命令来自英文词组 word count 的缩写，其功能是统计文件的字节数、单词数、行数等信息，并将统计结果输出到终端界面。利用 wc 命令可以很快地计算出准确的单词数及行数，评估出文本的内容长度。要想了解一个文件，不妨先使用一下 wc 命令吧!

语法格式：wc 参数 文件名

常用参数

-c	统计字节数	-w	统计单词数
-l	统计行数	--help	显示帮助信息
-L	设置最长行的长度	--version	显示版本信息
-m	统计字符数		

参考示例

统计指定文件的单词数量：

```
[root@linuxcool ~]# wc -w File.cfg
117 File.cfg
```

统计指定文件的字节数量：

```
[root@linuxcool ~]# wc -c File.cfg
1256 File.cfg
```

统计指定文件的字符数量：

```
[root@linuxcool ~]# wc -m File.cfg
1256 File.cfg
```

统计指定文件的总行数：

```
[root@linuxcool ~]# wc -l File.cfg
43 File.cfg
```

kill 命令：杀死进程

kill 命令的功能是杀死（结束）进程。Linux 系统中如需结束某个进程，既可以使用如 service 或 systemctl 这样的管理命令来结束服务，也可以使用 kill 命令直接结束进程信息。如使用 kill 命令后进程并没有结束，则可以使用信号 9 进行强制杀死动作。

语法格式：kill 参数 进程号

常用参数

-a	不限制命令名与进程号的对应关系	-p	不发送任何信号
-l	显示系统支持的信号列表	-s	设置向进程发送的信号

参考示例

列出系统支持的全部信号列表：

```
[root@linuxcool ~]# kill -l
 1) SIGHUP       2) SIGINT       3) SIGQUIT      4) SIGILL       5) SIGTRAP
 6) SIGABRT      7) SIGBUS       8) SIGFPE       9) SIGKILL     10) SIGUSR1
11) SIGSEGV     12) SIGUSR2     13) SIGPIPE     14) SIGALRM     15) SIGTERM
16) SIGSTKFLT   17) SIGCHLD     18) SIGCONT     19) SIGSTOP     20) SIGTSTP
21) SIGTTIN     22) SIGTTOU     23) SIGURG      24) SIGXCPU     25) SIGXFSZ
26) SIGVTALRM   27) SIGPROF     28) SIGWINCH    29) SIGIO       30) SIGPWR
31) SIGSYS      34) SIGRTMIN    35) SIGRTMIN+1  36) SIGRTMIN+2  37) SIGRTMIN+3
38) SIGRTMIN+4  39) SIGRTMIN+5  40) SIGRTMIN+6  41) SIGRTMIN+7  42) SIGRTMIN+8
43) SIGRTMIN+9  44) SIGRTMIN+10 45) SIGRTMIN+11 46) SIGRTMIN+12 47) SIGRTMIN+13
48) SIGRTMIN+14 49) SIGRTMIN+15 50) SIGRTMAX-14 51) SIGRTMAX-13 52) SIGRTMAX-12
53) SIGRTMAX-11 54) SIGRTMAX-10 55) SIGRTMAX-9  56) SIGRTMAX-8  57) SIGRTMAX-7
58) SIGRTMAX-6  59) SIGRTMAX-5  60) SIGRTMAX-4  61) SIGRTMAX-3  62) SIGRTMAX-2
63) SIGRTMAX-1  64) SIGRTMAX
```

结束某个指定的进程（数字为对应的 PID 值）：

```
[root@linuxcool ~]# kill 518
```

强制结束某个指定的进程（数字为对应的 PID 值）：

```
[root@linuxcool ~]# kill -9 518
```

ln 命令：为文件创建快捷方式

ln 命令来自英文单词 link 的缩写，中文译为"链接"，其功能是为某个文件在另外一个位置建立同步的链接。Linux 系统中的链接文件有两种形式，一种是硬链接，另一种是软链接。软链接相当于 Windows 系统中的快捷方式文件，原始文件被移动或删除后，软链接文件也将无法使用；硬链接则是将文件的 inode 属性块进行了复制，因此把原始文件移动或删除后，硬链接文件依然可以使用。

语法格式：ln 参数 源文件名 目标文件名

常用参数

-b	为已存在的目标文件创建备份	-s	对源文件创建软链接
-d	允许管理员创建目录的硬链接	-S	设置备份文件的后缀
-f	强制创建链接而不询问	-t	设置链接文件存放于哪个目录
-i	若目标文件已存在，则需要用户二次确认	-v	显示执行过程详细信息
-L	若目标文件为软链接，找到其对应文件	--backup	备份已存在的文件
-n	将指向目录的软链接视为普通文件	--help	显示帮助信息
-P	若目标文件为软链接，直接链接它自身	--version	显示版本信息
-r	创建相对于文件位置的软链接		

参考示例

为指定的源文件创建快捷方式（默认为硬链接形式）：

```
[root@linuxcool ~]# ln File1.cfg File2.cfg
```

为指定的源文件创建快捷方式（设定为软链接形式）：

```
[root@linuxcool ~]# ln -s File1.cfg File2.cfg
```

为指定的源文件创建快捷方式，并输出制作的过程信息：

```
[root@linuxcool ~]# ln -v File1.cfg File2.cfg
'File1.cfg' => 'File2.cfg'
```

ssh-copy-id 命令：复制 SSH 公钥到远程主机

ssh-copy-id 命令来自英文词组 ssh copy id，其功能是将本地生成的 SSH 公钥信息复制到远程主机。通常情况下，运维人员会先使用 ssh-keygen 命令生成 SSH 密钥对（公钥/私钥）文件，随后使用 ssh-copy-id 命令将公钥文件复制到远程主机上，这样操作后，再进行远程 SSH 访问时将无须进行账号密码验证，而是通过密钥方式登录。

语法格式：ssh-copy-id 参数 域名或 IP 地址

常用参数

-f	强制复制而不询问	-n	仅测试，而不实际操作
-i	设置公钥文件路径	-p	设置使用的端口号

参考示例

将 SSH 公钥文件复制到远程主机：

```
[root@linuxcool ~]# ssh-copy-id 192.168.10.10
The authenticity of host '192.168.10.10 (192.168.10.10)' can't be established.
ECDSA key fingerprint is SHA256:212/FhZ+6JFs5psuMJx9+5alyW6QDzviEOmiulDPiKk.
Are you sure you want to continue connecting (yes/no)? yes
/usr/bin/ssh-copy-id: INFO: attempting to log in with the new key(s), to filter out any
that are already installed
/usr/bin/ssh-copy-id: INFO: 1 key(s) remain to be installed -- if you are prompted now it
is to install the new keys
root@192.168.10.10's password: 此处输入远程主机管理员密码

Number of key(s) added: 1

Now try logging into the machine, with: "ssh '192.168.10.10'"
and check to make sure that only the key(s) you wanted were added.
```

su 命令：切换用户身份

su 命令来自英文单词 switch user 的缩写，其功能是切换用户身份。将管理员切换至任意用户身份时无须密码验证，而将普通用户切换至任意用户身份时均需密码验证。另外，添加单个减号（-）参数表示完全的身份变更，不保留之前用户的任何环境变量信息。

语法格式：su 参数 用户名

常用参数

--	完全地切换身份	-m	切换身份时，不变更环境变量
-c	执行完命令后，自动恢复原来的身份	-s	设置要执行的 Shell 终端
-f	不读取启动文件（适用于 csh 和 tsch）	--help	显示帮助信息
-l	切换身份时，同时变更工作目录	--version	显示版本信息

参考示例

变更至指定的用户身份：

```
[root@linuxcool ~]# su linuxprobe
```

完全变更至指定的用户身份：

```
[root@linuxcool ~]# su - linuxprobe
```

064

sudo 命令：授权普通用户执行管理员命令

sudo 命令来自英文词组 super user do 的缩写，中文译为"超级用户才能干的事"，其功能是授权普通用户执行管理员命令。使用 su 命令变更用户身份虽然好用，但是需要将管理员的账户密码告诉他人，总感觉心里不踏实，幸好有了 sudo 服务。

使用 sudo 服务可以授权某个指定的用户执行某些指定的命令。通过在满足工作需求的前提下尽可能少放权，可保证服务器的安全。配置 sudo 服务时，可以直接编辑配置文件/etc/sudoers，亦可以执行 visudo 命令进行设置，一切妥当后普通用户便能够使用 sudo 命令进行操作了。

语法格式：sudo 参数 命令

常用参数

参数	说明	参数	说明
-A	使用图形化界面读取用户密码值	-p	设置需要密码验证时的提示语
-b	将要执行的命令放在后台执行	-r	设置新的 SELinux 映射角色
-E	保留用户原本的环境变量信息	-s	设置默认调用的 Shell 终端
-h	显示帮助信息	-t	设置新的 SELinux 安全上下文类型
-H	将用户的家目录环境变量设置为/root	-u	设置使用哪位用户的身份执行
-i	模拟用户的初始登录过程	-v	设置需要验证当前用户的密码
-k	下次强制验证当前用户的密码	-v	更新用户的缓存信息，让密码有效期延长 5 分钟
-K	删除用户的缓存信息，让密码有效期立即结束	-V	显示版本信息

参考示例

查看当前用户有哪些被 sudo 服务授权的命令：

```
[linuxprobe@linuxcool ~]$ sudo -l
```

使用某个被 sudo 服务允许的用户身份来执行管理员的重启命令：

```
[root@linuxcool ~]# sudo -u linuxprobe "reboot"
```

使用当前用户身份，基于 sudo 命令来执行管理员的重启命令：

```
[root@linuxcool ~]# sudo reboot
```

065　resize2fs 命令：同步文件系统容量到内核

resize2fs 命令来自英文词组 resize to filesystem 的缩写，其功能是同步文件系统容量到内核。如对 EXT3、EXT4、XFS 等设备卷容量进行了调整，则需要使用 resize2fs 命令同步信息到系统内核。

语法格式：resize2fs 参数 设备名

常用参数

-d	打开调试特性	-M	将文件系统缩小到最小值
-f	强制调整设备容量而不询问	-p	显示已完成的百分比进度条
-F	刷新文件系统设备的缓冲区	-P	显示文件系统的最小值

参考示例

同步文件系统容量信息到系统内核：

```
[root@linuxcool ~]# resize2fs /dev/sdb
resize2fs 1.44.3 (10-July-2018)
The filesystem is already 5242880 (4k) blocks long. Nothing to do!
```

同步文件系统容量信息到系统内核，并显示百分比进度条：

```
[root@linuxcool ~]# resize2fs -p /dev/sdb
```

强制同步系统容量信息到系统内核：

```
[root@linuxcool ~]# resize2fs -f /dev/sdb
```

刷新文件系统设备的缓冲区，随后同步容量信息到系统内核：

```
[root@linuxcool ~]# resize2fs -F /dev/sdb
```

066 date 命令：显示或设置系统日期与时间

date 命令的功能是显示或设置系统日期与时间信息。运维人员可以根据想要的格式来输出系统时间信息，时间格式为 MMDDhhmm[CC][YY][.ss]，其中 MM 为月份，DD 为日，hh 为小时，mm 为分钟，CC 为年份前两位数字，YY 为年份后两位数字，ss 为秒的值。

语法格式：date 参数 对象

常用参数

-d	显示系统时间	-s	设置系统时间
-f	从日期文件中按行读入时间信息	-u	显示格林尼治时间
-r	显示文件内容的最后修改时间	--help	显示帮助信息
-R	以 RFC-2822 格式显示时间	--version	显示版本信息

参考示例

以默认格式输出系统当前的日期与时间信息：

```
[root@linuxcool ~]# date
Thu May 18 09:14:35 CST 2023
```

按照"年-月-日"的指定格式输出系统当前的日期信息：

```
[root@linuxcool ~]# date "+%Y-%m-%d"
2023-05-18
```

按照"小时:分钟:秒"的指定格式输出系统当前的时间信息：

```
[root@linuxcool ~]# date "%H:%M:%S"
09:14:35
```

设置当前系统为指定的日期和时间：

```
[root@linuxcool ~]# date -s "20241101 8:30:00"
Sun Nov 1 08:30:00 CST 2024
```

067 startx 命令：初始化 X-window 系统

startx 命令来自英文词组 start X-window 的缩写，其功能是启动 X-window 系统。X-window 也被称为 X 或 X11，中文译为 X 窗口系统，用于以图形方式显示软件窗口，现在的 GNOME 和 KDE 桌面环境都是以 X 窗口系统为基础构建成的。

语法格式：startx 参数 对象

常用参数

-m	当未找到启动脚本时，启动窗口管理器	-x	使用 startup 脚本启动 X-window 会话
-r	当未找到启动脚本时，装入资源文件	--depth	设置颜色深度
-w	强制启动而不询问		

参考示例

以默认方式初始化启动 X 窗口系统：

```
[root@linuxcool ~]# startx
X.Org X Server 1.20.3
X Protocol Version 11, Revision 0
Build Operating System: 4.14.0-49.el7a.noaead.x86_64
Current Operating System: Linux linuxcool.com 4.18.0-80.el8.x86_64 #1 SMP Wed May 18
12:02:46 UTC 2019 x86_64
………………省略部分输出信息………………
```

指定以 16 位颜色深度启动 X 窗口系统：

```
[root@linuxcool ~]# startx --depth 16
X.Org X Server 1.20.3
X Protocol Version 11, Revision 0
Build Operating System: 4.14.0-49.el7a.noaead.x86_64
Current Operating System: Linux linuxcool.com 4.18.0-80.el8.x86_64 #1 SMP Wed May 18
12:02:46 UTC 2019 x86_64
………………省略部分输出信息………………
```

强制启动 X 窗口系统：

```
[root@linuxcool ~]# startx -w
X.Org X Server 1.20.3
X Protocol Version 11, Revision 0
Build Operating System: 4.14.0-49.el7a.noaead.x86_64
Current Operating System: Linux linuxcool.com 4.18.0-80.el8.x86_64 #1 SMP Wed May 18
12:02:46 UTC 2019 x86_64
………………省略部分输出信息………………
```

068 wget 命令：下载网络文件

wget 命令来自英文词组 web get 的缩写，其功能是从指定网址下载网络文件。wget 命令非常稳定，一般即便网络发生波动也不会导致下载失败，而是不断地尝试重连，直至整个文件下载完毕。

wget 命令支持如 HTTP、HTTPS、FTP 等常见协议，可以在命令行中直接下载网络文件。

语法格式：wget 参数 网址 URL 对象

常用参数

-4	基于 IPv4 网络协议	-r	递归处理所有子文件
-6	基于 IPv6 网络协议	-S	显示服务器响应信息
-a	将日志追加写入至指定文件	-t	设置最大尝试次数
-b	启动后转入后台执行	-T	设置最长等待时间
-c	支持断点续传	-v	显示执行过程详细信息
-d	使用调试模式	-V	显示版本信息
-e	执行指定的命令	-w	设置等待间隔（秒）
-F	将输入文件当作 HTML 处理	-x	强制创建目录
-h	显示帮助信息	--ask-password	提示输入密码
-i	下载指定文件中的链接	--limit-rate	限制下载速度
-l	设置最大递归目录深度	--no-dns-cache	关闭 DNS 查询缓存
-nd	不要创建目录	--no-proxy	禁止使用代理
-N	只获取比本地更新的文件	--password	设置密码值
-o	将日志信息写入指定文件	--random-wait	下载多个文件时，随机等待间隔（秒）
-O	设置本地文件名	--spider	仅检查文件是否存在
-P	设置文件前缀	--user	设置用户名
-q	静默执行模式		

参考示例

下载指定的网络文件：

```
[root@linuxprobe ~]# wget https://www.linuxprobe.com/docs/LinuxProbe.pdf
--2023-05-11 18:36:42-- https://www.linuxprobe.com/docs/LinuxProbe.pdf
Resolving www.linuxprobe.com (www.linuxprobe.com)... 58.218.215.124
Connecting to www.linuxprobe.com (www.linuxprobe.com)|58.218.215.124|:443... connected.
HTTP request sent, awaiting response... 200 OK
Length: 17676281 (17M) [application/pdf]
```

```
Saving to: 'LinuxProbe.pdf'

LinuxProbe.pdf    100%[================================>] 16.86M  30.0MB/s   in 0.6s

2023-05-11 18:36:42 (30.0 MB/s) - 'LinuxProbe.pdf' saved [17676281/17676281]
```

下载指定的网络文件，并定义保存在本地的文件名称：

```
[root@linuxcool ~]# wget -O Book.pdf https://www.linuxprobe.com/docs/LinuxProbe.pdf
```

下载指定的网络文件，限速最高每秒 300kbit/s：

```
[root@linuxcool ~]# wget --limit-rate=300k https://www.linuxprobe.com/docs/LinuxProbe.pdf
```

启用断点续传技术下载指定的网络文件：

```
[root@linuxcool ~]# wget -c https://www.linuxprobe.com/docs/LinuxProbe.pdf
```

下载指定的网络文件，将任务放至后台执行：

```
[root@linuxcool ~]# wget -b https://www.linuxprobe.com/docs/LinuxProbe.pdf
Continuing in background, pid 237616.
Output will be written to 'wget-log'.
```

passwd 命令：修改用户的密码值

passwd 命令来自英文单词 password 的缩写，其功能是修改用户的密码值；同时也可以对用户进行锁定等操作，但需要管理员身份才可以执行。

常用格式：passwd 参数 用户名

常用参数

-d	清除已有密码	-S	显示当前密码状态
-e	下次登录时强制修改密码	-u	解锁用户的密码值，允许修改
-f	强制执行操作而不询问	-w	设置密码到期前几天收到警告信息
-k	设置用户在期满后能仍能正常使用	-x	设置最大密码有效期
-l	锁定用户的密码值，不允许修改	--help	显示帮助信息
-n	设置最小密码有效期	--usage	显示简短的使用信息提示

参考示例

修改当前登录用户的密码值：

```
[root@linuxcool ~]# passwd
Changing password for user root.
New password: 输入密码
Retype new password: 再次输入密码
passwd: all authentication tokens updated successfully.
```

修改指定用户的密码值：

```
[root@linuxcool ~]# passwd linuxprobe
Changing password for user linuxprobe.
New password: 输入密码
Retype new password: 再次输入密码
passwd: all authentication tokens updated successfully.
```

锁定指定用户的密码值，不允许其进行修改：

```
[root@linuxcool ~]# passwd -l linuxprobe
Locking password for user linuxprobe.
passwd: Success
```

解锁指定用户的密码值，允许其进行修改：

```
[root@linuxcool ~]# passwd -u linuxprobe
Unlocking password for user linuxprobe.
passwd: Success
```

强制指定的用户在下次登录时必须重置其密码：

```
[root@linuxcool ~]# passwd -e linuxprobe
Expiring password for user linuxprobe.
passwd: Success
```

删除指定用户的密码值：

```
[root@linuxcool ~]# passwd -d linuxprobe
Removing password for user linuxprobe.
passwd: Success
```

查看指定用户的密码状态：

```
[root@linuxcool ~]# passwd -S linuxprobe
linuxprobe NP 2023-05-18 0 99999 7 -1 (Empty password.)
```

070

shutdown 命令：关闭服务器的系统

shutdown 命令的功能是关闭服务器的系统，作用等同于 poweroff 命令。

语法格式：shutdown 参数 对象

常用参数

-c	取消关机任务	-n	不调用 init 程序进行关机
-f	关机时不检查文件系统	-P	系统关机后切断电源
-F	关机时先检查文件系统	-r	将系统立即重启
-h	将系统立即关机	-s	关闭此计算机，非立即操作
-k	发送信息给所有用户	-t	设置距离关闭计算机还剩余的秒数

参考示例

将当前服务器立即关机：

```
[root@linuxcool ~]# shutdown -h now
```

将当前服务器立即重启：

```
[root@linuxcool ~]# shutdown -r now
```

设定当前服务器在指定时间自动关机，格式为"小时:分钟"：

```
[root@linuxcool ~]# shutdown -h 21:00
Shutdown scheduled for Wed 2023-05-18 21:00:00 CST, use 'shutdown -c' to cancel.
```

设定当前服务器在 5 分钟后关机，同时发送警告信息给所有已登录的用户：

```
[root@linuxcool ~]# shutdown +5 "System will shutdown after 5 minutes"
Shutdown scheduled for Wed 2023-05-18 20:47:25 CST, use 'shutdown -c' to cancel.
```

取消当前服务器上已有的关机任务：

```
[root@linuxcool ~]# shutdown -c
```

071 sz 命令：基于 Zmodem 协议下载文件到本地

　　sz 命令来自英文词组 send Zmodem 的缩写，其功能是基于 Zmodem 协议从远程服务器下载文件到本地。当我们在使用 Xshell、SecureCRT、PuTTY 等虚拟终端软件时，可以使用 sz 命令将远程文件直接下载到本地，在软件弹出的窗口选择本地保存路径即可。

　　若您的系统中找不到 sz 与 rz 命令，请配置好软件仓库后执行 yum install lszrz 命令即可。

语法格式：sz 参数 文件名

常用参数

+	将数据写入到文件中	-k	使用 1024 字节的数据块
-a	以文本方式传输	-L	设置 Zmodem 子包的长度
-b	以二进制方式传输	-n	如果当前文件较新，则覆盖原始文件
-c	发送命令到服务器	-p	若目标文件存在，则保留，不要覆盖
-C	设置发送命令的最大次数	-q	静默执行模式
-D	将发送路径中所有点号"."改成斜杠"/"	-r	恢复中断的文件传输
-e	对控制字符进行转义操作	-R	限制使用目录路径
-f	发送完整的路径名	-S	启用支持 TimeSync 协议
-h	显示帮助信息	-v	显示执行过程详细信息
-i	在接收端执行命令	-X	使用 Xmodem 协议
+	将数据写入到文件中		

参考示例

下载指定的某个文件：

```
[root@linuxcool ~]# sz File.cfg
　……………弹出窗口中选择本地保存路径即可…………
```

以文本方式批量下载指定的多个文件：

```
[root@linuxcool ~]# sz -a /Dir/*
　…………弹出窗口中选择本地保存路径即可…………
```

以二进制方式下载指定的某个文件：

```
[root@linuxcool ~]# sz -b File.tar.gz
　…………弹出窗口中选择本地保存路径即可…………
```

072

rz 命令：基于 Zmodem 协议上传文件到服务器

rz 命令来自英文词组 receive Zmodem 的缩写，其功能是基于 Zmodem 协议上传文件到服务器。当我们在使用 Xshell、SecureCRT、PuTTY 等虚拟终端软件时，可以使用 rz 命令将本地文件上传到服务器，方法是直接输入 rz 命令后选择要上传的文件即可。

若您的系统中找不到 sz 与 rz 命令，请配置好软件仓库后执行 yum install lszrz 命令即可。

语法格式：rz 参数 文件名

常用参数

+	将收到的数据写入指定文件	-q	静默执行模式
-B	设置缓冲区大小	-r	恢复中断传输
-C	允许远程执行命令	-U	关闭受限模式
-D	使用测试模式，不保存文件	-v	显示执行过程详细信息
-e	转义所有的控制字符	-w	设置窗口大小
-h	显示帮助信息	-X	使用 Xmodem 协议
-O	不读取超时处理代码	-y	遇到重名的文件直接覆盖
-p	遇到重名的文件不要覆盖	-Z	使用 Zmodem 协议

参考示例

上传指定的文件到服务器：

```
[root@linuxcool ~]# rz
…………弹出窗口中选择要上传的文件即可…………
```

上传指定的文件到服务器，若遇到重名的文件则直接覆盖：

```
[root@linuxcool ~]# rz -y
…………弹出窗口中选择要上传的文件即可…………
```

上传指定的文件到服务器，遇到重名的文件也不要覆盖：

```
[root@linuxcool ~]# rz -p
…………弹出窗口中选择要上传的文件即可…………
```

systemctl 命令：管理系统服务

systemctl 命令来自英文词组 system control 的缩写，其功能是管理系统服务。从 RHEL 7/CentOS 7 版本起，初始化进程服务 init 被替代为 systemd 服务，systemd 初始化进程服务的管理是通过 systemctl 命令完成的，该命令涵盖了 service、chkconfig、init、setup 等多个命令的大部分功能。

语法格式：systemctl 参数 动作 服务名

常用参数

-a	显示所有单位	-q	静默执行模式
-f	覆盖任何冲突的符号链接	-r	显示本地容器的单位
-H	设置要连接的主机名	-s	设置要发送的进程信号
-M	设置要连接的容器名	-t	设置单元类型
-n	设置要显示的日志行数	--help	显示帮助信息
-o	设置要显示的日志格式	--version	显示版本信息

常用动作

start	启动服务	disable	取消服务开机自启
stop	停止服务	status	查看服务状态
restart	重启服务	list	显示所有已启动服务
enable	设置服务开机自启		

参考示例

启动指定的服务：

```
[root@linuxcool ~]# systemctl start sshd
```

停止指定的服务：

```
[root@linuxcool ~]# systemctl stop sshd
```

重启指定的服务：

```
[root@linuxcool ~]# systemctl restart sshd
```

将指定的服务加入到开机启动项中：

```
[root@linuxcool ~]# systemctl enable sshd
```

查看指定服务的运行状态：

```
[root@linuxcool ~]# systemctl status sshd
• sshd.service - OpenSSH server daemon
   Loaded: loaded (/usr/lib/systemd/system/sshd.service; enabled; vendor preset>
   Active: active (running) since Thu 2023-05-18 17:02:08 CST; 23s ago
     Docs: man:sshd(8)
           man:sshd_config(5)
Main PID: 3015 (sshd)
    Tasks: 1 (limit: 12391)
   Memory: 1.5M
   CGroup: /system.slice/sshd.service
           └─3015 /usr/sbin/sshd -D -oCiphers=aes256-gcm@openssh.com,chacha20-p>

May 18 17:02:08 linuxcool.com systemd[1]: Stopped OpenSSH server daemon.
May 18 17:02:08 linuxcool.com systemd[1]: Starting OpenSSH server daemon...
May 18 17:02:08 linuxcool.com sshd[3015]: Server listening on 0.0.0.0 port 22.
May 18 17:02:08 linuxcool.com sshd[3015]: Server listening on :: port 22.
May 18 17:02:08 linuxcool.com systemd[1]: Started OpenSSH server daemon.
lines 1-16/16 (END)
```

将指定的服务从开机启动项中取消：

```
[root@linuxcool ~]# systemctl disable sshd
```

显示系统中所有已启动的服务列表信息：

```
[root@linuxcool ~]# systemctl list-units --type=service
  UNIT                        LOAD ACTIVE SUB DESCRIPTION
  accounts-daemon.service     loaded active running Accounts Service
  atd.service                 loaded active running Job spooling tools
  auditd.service              loaded active running Security Auditing Service
  avahi-daemon.service        loaded active running Avahi mDNS/DNS-SD Stack
  bolt.service                loaded active running Thunderbolt system service
  colord.service              loaded active running Manage, Install and Gener>
  crond.service               loaded active running Command Scheduler
  cups.service                loaded active running CUPS Scheduler
```

ll 命令：显示指定文件的详细属性信息

ll 命令的功能是显示指定文件或目录的详细属性信息。实际它不是一个真实存在的命令，只是 "ls -l --color=auto" 的别名而已。ll 命令可以默认列出当前目录内文件的详细属性信息，包含权限、所属、修改时间以及占用空间等信息。

语法格式：ll 参数 文件名

常用参数

-a	显示目录下的所有文件	-N	不限制文件长度
-A	显示除 "." 和 ".." 外的所有文件	-q	用问号代替所有无法显示的字符
-d	显示目录自身的属性信息	-Q	为所有文件名称加上双引号
-f	不进行文件排序	-r	反向显示文件排序
-h	以更易读的容量单位显示文件大小	-R	递归显示所有子文件
-i	显示文件的 inode 属性块信息	-s	显示每个文件名时加上大小信息
-k	以字节为单位显示文件的大小	-S	依据文件大小排序
-l	使用长格式输出文件信息	-t	依据文件修改时间排序
-m	以逗号为间隔符输出文件信息	-u	依据文件访问时间排序

参考示例

显示当前目录内文件的详细属性信息：

```
[root@linuxcool ~]# ll
total 8
-rw-------. 1 root root 1256 Dec 14 08:42 anaconda-ks.cfg
drwxr-xr-x. 2 root root    6 Dec 14 08:44 Desktop
drwxr-xr-x. 2 root root    6 Dec 14 08:44 Documents
drwxr-xr-x. 2 root root    6 Dec 14 08:44 Downloads
-rw-r--r--. 1 root root 1585 Dec 14 08:43 initial-setup-ks.cfg
drwxr-xr-x. 2 root root    6 Dec 14 08:44 Music
drwxr-xr-x. 2 root root    6 Dec 14 08:44 Pictures
drwxr-xr-x. 2 root root    6 Dec 14 08:44 Public
drwxr-xr-x. 2 root root    6 Dec 14 08:44 Templates
drwxr-xr-x. 2 root root    6 Dec 14 08:44 Videos
```

以文件上次被修改的时间排序，显示当前目录内文件的详细属性信息：

```
[root@linuxcool ~]# ll -t
total 8
drwxr-xr-x. 2 root root    6 Dec 14 08:44 Documents
drwxr-xr-x. 2 root root    6 Dec 14 08:44 Music
drwxr-xr-x. 2 root root    6 Dec 14 08:44 Pictures
drwxr-xr-x. 2 root root    6 Dec 14 08:44 Videos
drwxr-xr-x. 2 root root    6 Dec 14 08:44 Desktop
```

```
drwxr-xr-x. 2 root root    6 Dec 14 08:44 Downloads
drwxr-xr-x. 2 root root    6 Dec 14 08:44 Public
drwxr-xr-x. 2 root root    6 Dec 14 08:44 Templates
-rw-r--r--. 1 root root 1585 Dec 14 08:43 initial-setup-ks.cfg
-rw-------. 1 root root 1256 Dec 14 08:42 anaconda-ks.cfg
```

以更易读的容量单位显示文件大小：

```
[root@linuxcool ~]# ll -h
total 8.0K
-rw-------. 1 root root 1.3K Dec 14 08:42 anaconda-ks.cfg
drwxr-xr-x. 2 root root    6 Dec 14 08:44 Desktop
drwxr-xr-x. 2 root root    6 Dec 14 08:44 Documents
drwxr-xr-x. 2 root root    6 Dec 14 08:44 Downloads
-rw-r--r--. 1 root root 1.6K Dec 14 08:43 initial-setup-ks.cfg
drwxr-xr-x. 2 root root    6 Dec 14 08:44 Music
drwxr-xr-x. 2 root root    6 Dec 14 08:44 Pictures
drwxr-xr-x. 2 root root    6 Dec 14 08:44 Public
drwxr-xr-x. 2 root root    6 Dec 14 08:44 Templates
drwxr-xr-x. 2 root root    6 Dec 14 08:44 Videos
```

查看某个指定文件的详细属性信息：

```
[root@linuxcool ~]# ll anaconda-ks.cfg
-rw-------. 1 root root 1256 Dec 14 08:42 anaconda-ks.cfg
```

history 命令：显示与管理历史命令记录

history 命令的功能是显示与管理历史命令记录。Linux 系统默认会记录用户执行过的有命令，可以使用 history 命令查阅它们，也可以对其记录进行修改和删除操作。

语法格式： history 参数

-a	保存命令记录	-r	读取命令记录到缓冲区
-c	清空命令记录	-s	添加命令记录到缓冲区
-d	删除指定序号的命令记录	-w	将缓冲区信息写入历史文件
-n	读取命令记录		

参考示例

显示执行过的全部命令记录：

```
[root@linuxcool ~]# history
    1 vim /etc/sysconfig/network-scripts/ifcfg-ens160
    2 reboot
    3 vim /etc/sysconfig/network-scripts/ifcfg-ens160
    4 vim /etc/yum.repos.d/rhel.repo
    5 mkdir /media/cdrom
················省略部分输出信息··················
```

显示最近执行过的 5 条命令：

```
[root@linuxcool ~]# history 5
   11 exit
   12 ifconfig
   13 vim /etc/hostname
   14 reboot
   15 history
```

将本次缓存区信息写入历史文件（~/.bash_history）：

```
[root@linuxcool ~]# history -w
```

将历史文件中的信息读入当前缓冲区：

```
[root@linuxcool ~]# history -r
```

将本次缓冲区信息追加写入历史文件（~/.bash_history）：

```
[root@linuxcool ~]# history -a
```

清空本次缓冲区及历史文件中的信息：

```
[root@linuxcool ~]# history -c
```

iptables-save 命令：保存防火墙策略规则

iptables-save 命令的功能是保存防火墙策略规则。由于 iptables 与 firewalld 防火墙配置工具的策略默认都是当前生效而重启后失效，因此均需要执行对应的命令进行保存，让已有的防火墙策略在服务器重启后依然可以奏效。

语法格式：iptables-save 参数 对象

常用参数

-c	保存当前的数据包计算器和字节计数器的值	-t	设置要保存的表名称
-M	设置调制解调器探测程序的路径		

参考示例

保存防火墙策略规则：

```
[root@linuxcool ~]# iptables-save
```

保存防火墙策略规则及数据包计数器信息：

```
[root@linuxcool ~]# iptables-save -c
```

将当前防火墙策略规则信息输出重定向到文件：

```
[root@linuxcool ~]# iptables-save > File.bak
```

仅保存防火墙策略中指定的表单内容：

```
[root@linuxcool ~]# iptables-save -t filter
```

077

free 命令：显示系统内存使用量情况

free 命令的功能是显示系统内存使用量情况，包含物理内存和交换内存的总量、使用量、空闲量情况。

语法格式：free 参数

参考示例

以默认的容量单位显示内存使用量信息：

```
[root@linuxcool ~]# free
              total        used        free      shared  buff/cache   available
Mem:        2013304     1372796       87432       17620      553076      444040
Swap:       2097148        1804     2095344
```

以 MB 为单位显示内存使用量信息：

```
[root@linuxcool ~]# free -m
              total        used        free      shared  buff/cache   available
Mem:           1966        1342         123          14         499         434
Swap:          2047           9        2038
```

以易读的单位显示内存使用量信息：

```
[root@linuxcool ~]# free -h
              total        used        free      shared  buff/cache   available
Mem:           1.9Gi       1.3Gi      120Mi        14Mi       500Mi       431Mi
Swap:          2.0Gi       9.0Mi      2.0Gi
```

以易读的单位显示内存使用量信息，每隔 10s 刷新一次：

```
[root@linuxcool ~]# free -hs 10
              total        used        free      shared  buff/cache   available
Mem:           1.9Gi       1.3Gi      119Mi        14Mi       500Mi       430Mi
Swap:          2.0Gi       9.0Mi      2.0Gi

              total        used        free      shared  buff/cache   available
Mem:           1.9Gi       1.3Gi      119Mi        14Mi       500Mi       430Mi
Swap:          2.0Gi       9.0Mi      2.0Gi
```

078

lvcreate 命令：创建逻辑卷设备

lvcreate 命令的功能是创建逻辑卷设备。LVM（逻辑卷管理器）由物理卷、卷组和逻辑卷组成，其中 lvcreate 命令属于 LVM 创建工作的最后一个环节——创建逻辑卷设备。

在设定逻辑卷容量时，可以使用 -L 参数直接写具体值，亦可以使用 -l 参数指定 PE（物理扩展块）个数，每个 PE 大小默认为 4MB，因此 -L 400M 和 -l 100 的效力是等价的。

语法格式：lvcreate　参数　逻辑卷

常用参数

-A	设置逻辑卷的可用性	-m	创建一个镜像逻辑卷
-c	设置快照逻辑卷的块大小	-n	设置新的逻辑卷名
-C	设置逻辑卷的连续分配策略	-p	设置逻辑卷的访问权限
-i	设置条带数量	-r	设置逻辑卷的超前读取扇区数
-l	设置逻辑卷的大小（PE 个数）	-s	为指定的逻辑卷创建快照卷
-L	设置逻辑卷的大小（容量值）	-T	创建精简逻辑卷

参考示例

在已有的卷组中（VG01）创建一个逻辑卷（V001），大小为 100 个 PE：

```
[root@linuxcool ~]# lvcreate -n V001 -l 100 VG01
 Logical volume "V001" created.
```

在已有的卷组中（VG01）创建一个逻辑卷（V001），大小为 400MB：

```
[root@linuxcool ~]# lvcreate -n V001 -L 400 VG01
Logical volume "V001" created.
```

在已有的卷组中（VG01）创建一个逻辑卷（V001），大小为卷组中剩余的全部空间：

```
[root@linuxcool ~]# lvcreate -n V001 -l 100%FREE VG01
 Logical volume "V001" created.
```

pvcreate 命令：创建物理卷设备

pvcreate 命令的功能是创建物理卷设备。LVM（逻辑卷管理器）由物理卷、卷组和逻辑卷组成，其中 pvcreate 命令属于 LVM 创建工作的第一个环节——创建物理卷设备。

语法格式：pvcreate 参数 物理卷

常用参数

-f	强制创建物理卷而不询问	-y	所有询问均回答自动 yes
-u	设置设备的 UUID	-z	设置是否使用最前面的扇区

参考示例

将指定的某个磁盘设备创建为物理卷设备：

```
[root@linuxcool ~]# pvcreate /dev/sdb
  Physical volume "/dev/sdb" successfully created.
```

将指定的多个磁盘设备创建为物理卷设备：

```
[root@linuxcool ~]# pvcreate /dev/sdc{1,2,3,4}
  Physical volume "/dev/sdc1" successfully created.
  Physical volume "/dev/sdc2" successfully created.
  Physical volume "/dev/sdc3" successfully created.
  Physical volume "/dev/sdc4" successfully created.
```

080

vgextend 命令：扩展卷组设备

vgextend 命令来自英文词组 volume group extend 的缩写，其功能是扩展卷组设备。LVM（逻辑卷管理器）技术具有灵活调整卷组与逻辑卷的特点，可以在创建卷组时规定物理卷的数量，亦可在后期使用 vgextend 命令进行扩展。

语法格式：vgextend 参数 卷组

常用参数

-A	设置是否自动备份	-t	仅进行测试，不实际操作
-d	使用调试模式	-v	显示执行过程详细信息
-f	强制进行卷组扩展而不询问	-y	所有询问均回答自动 yes
-h	显示帮助信息		

参考示例

将指定的物理卷加入卷组设备：

```
[root@linuxcool ~]# vgextend VG01 /dev/sdb
Volume group "VG01" successfully extended
```

081　pvresize 命令：调整 LVM 中物理卷的容量大小

pvresize 命令来自英文词组 physical volume resize 的缩写，其功能是调整 LVM 中物理卷的容量大小。pvresize 命令可以调整已在卷组中的物理卷的容量大小，一般在物理卷设备扩容或缩容前进行此操作，并在提前告知操作系统和 LVM 新的物理卷大小，若要缩小物理卷的容量，则不得低于已使用的容量。

语法格式：pvresize 参数 物理卷名

常用参数

-d	使用调试模式	-y	强制执行而不询问
-h	显示帮助信息	--reportformat	设置当前报告的输出格式
-t	使用测试模式	--setphysicalvolumesize	覆盖物理卷自动检测到的尺寸
-v	显示执行过程详细信息		

参考示例

同步物理卷的容量为最新大小：

```
[root@linuxcool ~]# pvresize /dev/sda2
  Physical volume "/dev/sda2" changed
  1 physical volume(s) resized or updated / 0 physical volume(s) not resized
```

调整物理卷的容量大小为 20GB（需二次确认）：

```
[root@linuxcool ~]# pvresize --setphysicalvolumesize 20G /dev/sda2
  WARNING: /dev/sda2: Overriding real size <19.00 GiB. You could lose data.
/dev/ sda2: Requested size 20.00 GiB exceeds real size <19.00 GiB. Proceed? [y/n]: y
  WARNING: /dev/sda2: Pretending size is 41943040 not 39843840 sectors.
  Physical volume "/dev/sda2" changed
  1 physical volume(s) resized or updated / 0 physical volume(s) not resized
```

以测试模式运行，同步物理卷的容量为最新大小：

```
[root@linuxcool ~]# pvresize -t /dev/sda2
  TEST MODE: Metadata will NOT be updated and volumes will not be (de)activated.
  WARNING: Device /dev/sda2 has size of 39843840 sectors which is smaller than
corresponding PV size of 41940992 sectors. Was device resized?
  One or more devices used as PVs in VG rhel_linuxprobe have changed sizes.
  Physical volume "/dev/sda2" changed
  1 physical volume(s) resized or updated / 0 physical volume(s) not resized
```

vgdisplay 命令：显示 VG 信息

vgdisplay 命令来自英文词组 volume group display 的缩写，其功能是显示 VG（卷组）信息。细心负责的运维人员在创建卷组后都会使用 vgdisplay 命令再次确认，检查 PE 大小、容量、名称等信息是否正确，在一切稳妥后再进行下一步操作。

语法格式：vgdisplay 参数 卷组名

常用参数

-A	显示卷组属性信息	-v	显示详细信息
-s	使用短格式输出		

参考示例

查看系统中全部的卷组信息：

```
[root@linuxcool ~]# vgdisplay
```

查看系统中指定名称的卷组信息：

```
[root@linuxcool ~]# vgdisplay VG01
```

仅查看系统中指定名称的卷组的属性信息：

```
[root@linuxcool ~]# vgdisplay -A VG01
```

仅查看系统中指定名称的卷组的短格式属性信息：

```
[root@linuxcool ~]# vgdisplay -s VG01
```

083

vgcreate 命令：创建卷组设备

vgcreate 命令的功能是创建卷组设备。LVM 逻辑卷管理器技术由物理卷、卷组和逻辑卷组成，其中 vgcreate 命令属于 LVM 创建工作的第二个环节——创建卷组设备。

卷组，顾名思义是将多个物理卷组成一个整体，由于屏蔽了底层物理设备细节，用户可在创建逻辑卷后无须再考虑具体的硬件设备信息。

语法格式：vgcreate 参数 卷组名 设备名

常用参数

-l	设置卷组上允许创建的最大逻辑卷数
-p	设置卷组中允许添加的最大物理卷数
-s	设置卷组中物理卷的 PE 大小

参考示例

使用两块硬盘，创建出一块指定名称的卷组设备：

```
[root@linuxprobe ~]# vgcreate VGO1 /dev/sdb /dev/sdc
 Volume group "VGO1" successfully created
```

lvextend 命令：扩展逻辑卷设备

lvextend 命令来自英文词组 logical volume extend 的缩写，其功能是扩展逻辑卷设备。LVM（逻辑卷管理器）技术具有灵活调整卷组与逻辑卷的特点，逻辑卷设备容量可以在创建时规定，亦可在后期根据业务需求进行动态扩展或缩小。

语法格式：lvextend 参数 逻辑卷

常用参数

-f	强制扩展设备而不询问	-L	设置逻辑卷的大小（容量值）
-i	设置扩展的条带数量	-n	扩展前不进行文件系统检查
-l	设置逻辑卷的大小（PE 个数）	-r	使用 fsadm 命令调整文件系统和逻辑卷大小

参考示例

将指定的逻辑卷设备扩展至 290MB：

```
[root@linuxcool ~]# lvextend -L 290M /dev/storage/vo
Rounding size to boundary between physical extents: 292.00 MiB.
Size of logical volume storage/vo changed from 148 MiB (37 extents) to 292 MiB (73 extents).
Logical volume storage/vo successfully resized.
```

keytool 命令：密钥和证书管理工具

keytool 命令的功能是管理密钥和证书文件。密钥就是用于加解密的文件或字符串，可以使用 keytool 命令进行生成、导入和删除等操作。不同的程序需要的密钥格式不尽相同，需要留意具体的格式。

语法格式：keytool 参数 对象

常用参数

-certreq	创建证书	-keyalg	设置加密算法
-changealias	更改别名	-keystore	设置证书保存位置
-delete	删除条目	-keypasswd	更改条目的密钥口令
-exportcert	导出证书	-list	显示密钥库中的条目
-gencert	生成证书	-printcert	显示证书内容
-genkeypait	生成密钥对	-printcertreq	显示证书请求的内容
-genseckey	生成密钥	-printcrl	显示 CRL 文件的内容
-importcert	导入证书	-storepasswd	更改密钥库的存储口令
-importkeystore	从密钥库导入条目		

参考示例

生成一个指定名称的证书文件，加密类型为 RSA，有效期 365 天：

```
[root@linuxcool ~]# keytool -genkey -alias tomcat -keyalg RSA -keystore /etc/
tomcat.keystore -validity 365
```

导入一个指定名称的证书文件，定义别名名称：

```
[root@linuxcool ~]# keytool -import -keystore cacerts -storepass 666666 -keypass 888888
-alias linuxcool -file /etc/tomcat.keystore
```

删除一个指定名称的证书：

```
[root@linuxcool ~]# keytool -delete -alias linuxcool -keystore cacerts -storepass 666666
```

sort 命令：对文件内容进行排序

sort 命令的功能是对文件内容进行排序。有时文本中的内容顺序不正确，一行行地手动修改实在太麻烦了。此时使用 sort 命令就再合适不过了，它能够对文本内容进行再次排序。

语法格式：sort 参数 文件名

常用参数

-b	忽略每行前面出现的空格字符	-n	依据数值大小排序
-c	检查文件是否已经按照顺序排序	-o	将排序后的结果写入指定文件
-d	除字母、数字及空格字符外，忽略其他字符	-r	以相反的顺序排序
-f	将小写字母视为大写字母	-R	依据随机哈希值进行排序
-h	以更易读的格式输出信息	-t	设置排序时所用的栏位分隔符
-i	除 40～176 之间的 ASCII 字符外，忽略其他字符	-T	设置临时目录
-k	设置需要排序的列号	-z	使用 0 字节结尾，而不是换行
-m	将几个排好序的文件进行合并	--help	显示帮助信息
-M	将前面 3 个字母依照月份的缩写进行排序	--version	显示版本信息

参考示例

对指定的文件内容按照字母顺序进行排序：

```
[root@linuxcool ~]# cat File.txt
banana
pear
apple
orange
Raspaberry
[root@linuxcool ~]# sort File.txt
apple
banana
orange
pear
raspaberry
```

对指定的文件内容按照数字大小进行排序：

```
[root@linuxcool ~]# cat File.txt
45
12
3
98
82
```

```
67
24
56
9
[root@linuxcool ~]# sort -n File.txt
3
9
12
24
45
56
67
82
98
```

以冒号（:）为间隔符，对指定的文件内容按照数字大小对第 3 列进行排序：

```
[root@linuxcool ~]# sort -t : -k 3 -n File.txt
rpc:x:32:32:Rpcbind Daemon
tss:x:59:59:Account used by the trousers package to sandbox the tcsd daemon
qemu:x:107:107:qemu user
usbmuxd:x:113:113:usbmuxd user
pulse:x:171:171:PulseAudio System Daemon
rtkit:x:172:172:RealtimeKit
gluster:x:995:990:GlusterFS daemons
unbound:x:996:991:Unbound DNS resolver
geoclue:x:997:995:User for geoclue
polkitd:x:998:996:User for polkitd
………………省略部分输出信息………………
```

087

hostnamectl 命令：显示与设置主机名称

hostnamectl 命令来自于英文词组 hostname control 的缩写，其功能是显示与设置主机名称。基于/etc/hostname 文件修改主机名称时，需要重启服务器后才可生效，而使用 hostnamectl 命令设置过的主机名称可以立即生效，效率更高。

语法格式： hostnamectl 参数

常用参数

set-hostname	设置主机名	--help	显示帮助信息
status	显示主机名	--version	显示版本信息
-H	操作远程主机		

参考示例

显示当前系统的主机名称及系统信息：

```
[root@linuxcool ~]# hostnamectl status
   Static hostname: linuxcool.com
         Icon name: computer-vm
           Chassis: vm
        Machine ID: c8b04558503242459d908c6c22a2d481
           Boot ID: a08b17d3ed444ca6b86fdd52a499943e
    Virtualization: vmware
  Operating System: Red Hat Enterprise Linux 8.0 (Ootpa)
       CPE OS Name: cpe:/o:redhat:enterprise_linux:8.0:GA
            Kernel: Linux 4.18.0-80.el8.x86_64
      Architecture: x86-64
```

修改当前系统的主机名称为指定字符串：

```
[root@linuxcool ~]# hostnamectl set-hostname linuxcool.com
```

chronyc 命令：设置时间与时间服务器同步

chronyc 命令来自英文词组 chrony command-line 的缩写，其功能是设置时间与时间服务器同步。chrony 是一个用于保持系统时间与 NTP 时间服务器同步的服务，其守护进程 chronyd 更为常见，而 chronyc 命令则是用户的配置工具。

语法格式：chronyc 参数

常用参数

sources	设置时间同步源	-m	设置允许一次执行多条命令
sourcestats	显示时间同步源状态	-n	使用 IP 地址，而不是主机名
-4	基于 IPv4 网络协议	-p	设置端口号
-6	基于 IPv6 网络协议	-v	显示执行过程详细信息
-h	设置主机名		

参考示例

查看当前系统的时间同步源信息：

```
[root@linuxcool ~]# chronyc sources -v
```

查看当前系统的时间同步源状态信息：

```
[root@linuxcool ~]# chronyc sourcestats
Name/IP Address            NP  NR  Span  Frequency  Freq Skew  Offset  Std Dev
===============================================================================
120.25.115.20              59  31  18h    -0.011      0.019    -536us   875us
10.143.33.49                0   0    0    +0.000   2000.000     +0ns  4000ms
100.100.3.1                64  36  18h    +0.000      0.012     +65us   493us
100.100.3.2                64  33  18h    -0.004      0.011    -189us   498us
100.100.3.3                42  22  17h    +0.006      0.015    +150us   471us
203.107.6.88               64  40  18h    -0.005      0.034     -79us  1467us
10.143.33.50                0   0    0    +0.000   2000.000     +0ns  4000ms
10.143.33.51                0   0    0    +0.000   2000.000     +0ns  4000ms
10.143.0.44                 0   0    0    +0.000   2000.000     +0ns  4000ms
10.143.0.45                 0   0    0    +0.000   2000.000     +0ns  4000ms
10.143.0.46                 0   0    0    +0.000   2000.000     +0ns  4000ms
100.100.5.1                42  24  11h    +0.014      0.017    +344us   378us
100.100.5.2                64  37  18h    -0.000      0.009    -221us   367us
100.100.5.3                64  28  18h    -0.003      0.010    -131us   430us
```

ip 命令：显示与配置网卡参数

ip 命令的功能是显示与配置网卡参数。作为 Linux 系统下一款好用的网卡参数配置工具，ip 命令除了常规操作外，还可以对主机的路由、网络设备、策略路由以及隧道信息进行查看。

语法格式：ip 参数

常用参数

-4	基于 IPv4 网络协议	-r	不使用 IP 地址，而是用域名
-6	基于 IPv6 网络协议	-s	显示执行过程详细信息
-f	强制使用指定协议簇而不询问	-V	显示版本信息
-o	将每条信息用一行输出，不换行		

参考示例

显示当前网络设备的运行状态：

```
[root@linuxcool ~]# ip link
```

显示当前网络设备的详细运行状态：

```
[root@linuxcool ~]# ip -s link
```

显示当前核心路由表信息：

```
[root@linuxcool ~]# ip route list
```

显示当前 IP 地址信息：

```
[root@linuxcool ~]# ip address
```

090

cut 命令：按列提取文件内容

cut 命令的功能是按列提取文件内容。常用的 grep 命令仅能对关键词进行按行提取过滤，而 cut 命令则可以根据指定的关键词信息，针对特定的列内容进行过滤。

语法格式：cut 参数 文件名

常用参数

-b	以字节为单位进行分割	-n	取消分割多字节字符
-c	以字符为单位进行分割	--complement	补足被选择的字节、字符或字段
-d	设置分隔符	--help	显示帮助信息
-f	显示指定字段的内容	--version	显示版本信息

参考示例

以冒号为间隔符，仅提取指定文件中第一列的内容：

```
[root@linuxcool ~]# cut -d : -f 1 /etc/passwd
root
bin
daemon
Adm
lp
sync
…………………省略部分输出信息………………
```

仅提取指定文件中每行的前 4 个字符：

```
[root@linuxcool ~]# cut -c 1-4 /etc/passwd
root
bin:
daem
adm:
lp:x
sync
shut
halt
mail
……………省略部分输出信息………………
```

091

rfkill 命令：管理蓝牙和 Wi-Fi 设备

rfkill 命令来自英文词组 radio frequency kill 的缩写，其功能是管理系统中的蓝牙和 Wi-Fi 设备，是一个内核级别的管理工具。

语法格式：rfkill 参数 设备名

常用参数

block	关闭设备	unblock	打开设备
list	列出可用设备	--version	显示版本信息

参考示例

显示系统中已有的 Wi-Fi 和蓝牙设备信息：

```
[root@linuxcool ~]# rfkill list
0: phy0: Wireless LAN
Soft blocked: no
Hard blocked: no
2: hci0: Bluetooth
Soft blocked: yes
Hard blocked: no
```

关闭指定编码的设备：

```
[root@linuxcool ~]# rfkill block 0
```

打开指定编码的设备：

```
[root@linuxcool ~]# rfkill unblock 0
```

092

crontab 命令：管理定时计划任务

crontab 命令来自英文词组 cron table 的缩写，其功能是管理定时计划任务。定时计划任务，顾名思义就是计划好的任务，到了时间就会自动执行。在 Linux 系统中，crond 是一个定时计划任务服务，用户只要能够按照正确的格式（分、时、日、月、星期、命令）写入配置文件，那么就会按照预定的周期时间自动执行，而 crontab 命令则是用于配置定时计划任务的工具名称。

由于定时计划任务非常复杂，本词条仅作简单介绍，建议阅读《Linux 就该这么学（第 2 版）》一书的第 4 章。

语法格式：crontab 参数 对象

常用参数

-e	编辑任务	-r	删除任务
-i	删除前询问用户是否确认	-u	设置用户名
-l	显示任务	--help	显示帮助信息

参考示例

管理当前用户的计划任务：

```
[root@linuxcool ~]# crontab -e
```

管理指定用户的计划任务：

```
[root@linuxcool ~]# crontab -e -u linuxprobe
```

查看当前用户的已有计划任务列表：

```
[root@linuxcool ~]# crontab -l
25 3 * * 1,3,5 /usr/bin/tar -czvf File.tar.gz /Dir/www
```

mdadm 命令：管理 RAID 设备

mdadm 命令来自英文词组 multiple devices admin 的缩写，其功能是管理 RAID 设备。作为 Linux 系统下软 RAID 设备的管理神器，mdadm 命令可以进行创建、调整、监控、删除等全套管理操作。

语法格式：mdadm 参数 设备名

常用参数

-a	向 RAID 中添加新设备	-l	设置 RAID 设备级别
-B	不把 RAID 信息写入每个成员的超级块中	-n	设置 RAID 中活动设备的数量
-c	设置数据块默认大小	-r	将指定成员移出 RAID 设备
-C	把 RAID 信息写入每个成员的超级块中	-R	开始部分组装 RAID 设备
-D	显示 RAID 设备的详细信息	-s	扫描配置文件以搜寻丢失的信息
-E	显示 RAID 设备成员的详细信息	-S	停用 RAID 设备，并释放所有资源
-f	将指定 RAID 设备成员设置为故障模式	-v	显示执行过程详细信息
-F	使用监控模式	-x	设置初始 RAID 设备的备用成员数量
-G	设置 RAID 设备大小	-z	设置初始化 RAID 设备后，从每个成员获取的空间容量
-I	添加设备到 RAID 中	--zero-superblock	使用零覆盖 RAID 设备中的超级块

参考示例

使用 4 块硬盘设备创建一个指定名称且级别为 RAID 10 的磁盘阵列组：

```
[root@linuxcool ~]# mdadm -Cv /dev/md0 -n 4 -l 10 /dev/sdb /dev/sdc /dev/sdd /dev/sde
mdadm: layout defaults to n2
mdadm: layout defaults to n2
mdadm: chunk size defaults to 512K
mdadm: size set to 20954112K
mdadm: Defaulting to version 1.2 metadata
mdadm: array /dev/md0 started.
```

查看指定 RAID 设备的简要信息：

```
[root@linuxcool ~]# mdadm -Q /dev/md0
/dev/md0: 39.97GiB raid10 4 devices, 0 spares. Use mdadm --detail for more detail.
```

查看指定 RAID 设备的详细信息：

```
[root@linuxcool ~]# mdadm -D /dev/md0
/dev/md0:
              Version : 1.2
        Creation Time : Wed Jan 13 08:24:58 2024
           Raid Level : raid10
           Array Size : 41908224 (39.97 GiB 42.91 GB)
        Used Dev Size : 20954112 (19.98 GiB 21.46 GB)
         Raid Devices : 4
        Total Devices : 4
          Persistence : Superblock is persistent

          Update Time : Thu Jan 14 04:49:57 2024
                State : clean
       Active Devices : 4
      Working Devices : 4
       Failed Devices : 0
        Spare Devices : 0

               Layout : near=2
           Chunk Size : 512K

   Consistency Policy : resync

                 Name : localhost.localdomain:0 (local to host linuxprobe.com)
                 UUID : 289f501b:3f5f70f9:79189d77:f51ca11a
               Events : 17

    Number   Major   Minor   RaidDevice State
       0       8       16        0      active sync set-A  /dev/sdb
       1       8       32        1      active sync set-B  /dev/sdc
       2       8       48        2      active sync set-A  /dev/sdd
       3       8       64        3      active sync set-B  /dev/sde
```

将指定的硬盘从 RAID 设备中停止：

```
[root@linuxcool ~]# mdadm /dev/md0 -f /dev/sdb
mdadm: set /dev/sdb faulty in /dev/md0
[root@linuxcool ~]# mdadm /dev/md0 -r /dev/sdb
mdadm: hot removed /dev/sdb from /dev/md0
```

将指定的硬盘添加至 RAID 设备中：

```
[root@linuxcool ~]# mdadm /dev/md0 -a /dev/sdb
mdadm: added /dev/sdb
```

彻底停用一个 RAID 设备：

```
[root@linuxcool ~]# mdadm --stop /dev/md0
mdadm: stopped /dev/md0
```

exit 命令：退出终端

exit 命令的功能是退出终端。在终端或 shell 脚本中执行 exit 命令默认会直接退出终端，亦可在命令后添加状态值参数，这样退出后可方便后续脚本判断本次执行结果是否成功（例如执行 echo $?命令）。

语法格式：exit 参数

常用参数

0	执行成功	1	执行失败

参考示例

退出当前 shell 终端：

```
[root@linuxcool ~]# exit
```

退出当前 SSH 连接终端：

```
[root@linuxcool ~]# exit
logout Connection to 192.168.10.10 closed.
```

fstrim 命令：回收文件系统中未使用的块资源

　　fstrim 命令来自英文词组 filesystem trim 的缩写，其功能是回收文件系统中未使用的块资源。fstrim 命令对固态硬盘和精简配置的存储设备意义较大，有提高驱动器读写效率，延长使用寿命的作用，当然设备一定要支持该命令才行。

　　语法格式：fstrim 参数

参考示例

回收当前系统上所有已挂载的文件系统的未使用空间：

```
[root@linuxcool ~]# fstrim -a
```

回收当前系统上所有已挂载的文件系统的未使用空间，并显示详细的过程：

```
[root@linuxcool ~]# fstrim -a -v
```

dd 命令：复制及转换文件

dd 命令来自英文词组 disk dump 的缩写，其功能是复制及转换文件。使用 dd 命令可以按照指定大小的数据块来复制文件，并在复制的过程中对内容进行转换。

语法格式：dd 参数 对象

常用参数

if	输入文件	of	输出文件
bs	块大小	count	块个数
-h	显示帮助信息	-v	显示版本信息

参考示例

生成一个指定大小（500MB）的新文件：

```
[root@linuxcool ~]# dd if=/dev/zero of=File count=1 bs=500M
1+0 records in
1+0 records out
524288000 bytes (524 MB, 500 MiB) copied, 1.13337 s, 463 MB/s
```

复制指定文件的前 50 个字节：

```
[root@linuxcool ~]# dd if=File1.cfg of=File2.cfg count=1 bs=50
1+0 records in
1+0 records out
50 bytes copied, 0.000441764 s, 113 kB/s
```

复制指定文件的内容，并将所有字符转换成大写后输出到新文件中：

```
[root@linuxcool ~]# dd if=File1.cfg of=File2.cfg conv=ucase
2+1 records in
2+1 records out
1388 bytes (1.4 kB, 1.4 KiB) copied, 0.000234248 s, 5.9 MB/s
```

env 命令：显示和定义环境变量

env 命令来自英文单词 environment 的缩写，其功能是显示和定义环境变量。为了能够让每个用户都拥有独立的工作环境，Linux 系统使用了大量环境变量，可以使用 env 命令进行查看和修改。

语法格式：env 参数 对象

常用参数

-i	创建一个新的空白环境	--help	显示帮助信息
-u	从当前环境中删除指定的变量	--version	显示版本信息

参考示例

显示当前系统的全部环境变量信息：

```
[root@linuxcool ~]# env
```

删除当前系统中的指定环境变量：

```
[root@linuxcool ~]# env -u PWD
```

定义当前系统中的指定环境变量值：

```
[root@linuxcool ~]# env PWD=/Dir
```

setenv 命令：设置与显示系统环境变量信息

setenv 命令来自英文词组 set environment variable 的缩写，其功能是设置与显示系统环境变量信息。设置的环境变量如需永久生效，需要将其写入/etc/profile 或/etc/bashrc 文件。

语法格式：setenv 参数 变量名

常用参数

ENVVAR	要设置的环境变量名	value	要设置的环境变量值

参考示例

显示当前系统中全部的环境变量信息：

```
[root@linuxcool ~]# setenv
XDG_MENU_PREFIX=gnome-
LANG=en_US.UTF-8
GDM_LANG=en_US.UTF-8
HISTCONTROL=ignoredups
DISPLAY=:0
HOSTNAME=linuxcool.com
COLORTERM=truecolor
USERNAME=root
XDG_VTNR=2
·················省略部分输出信息·················
```

设置一个新的系统环境变量信息：

```
[root@linuxcool ~]# setenv WEBSITE linuxcool.com
```

gcc 命令：C/C++语言编译器

gcc 命令来自英文词组 GNU Compiler Collection 的缩写，是 C/C++语言编译器。gcc 是开源领域使用最广泛的编译工具，具有功能强大、兼容性强、效率高等特点。

编译工作由 4 个阶段组成：预编译（Preprocessing）、编译（Compilation）、汇编（Assembly）、链接（Linking）。

语法格式：gcc 参数 文件名

常用参数

-B	将指定目录添加到搜索路径	-v	显示编译器调用的程序
-c	仅执行编译，不进行链接操作	--help	显示帮助信息
-E	仅执行编译预处理	--pipe	使用管道符
-l	设置头文件	--shared	创建动态共享库
-L	设置链接库	--static	使用静态链接
-o	指定要生成的输出文件	--time	设置每个子流程的执行时间
-S	将 C 代码转换为汇编代码	--version	显示版本信息

参考示例

编译指定的源码文件：

```
[root@linuxcool ~]# gcc File.c
```

编译指定的源码文件，并生成可执行文件：

```
[root@linuxcool ~]# gcc File.c -o linux
```

对指定的源码文件进行预处理：

```
[root@linuxcool ~]# gcc -E File.c -o linux.i
```

对预处理后的指定文件进行汇编操作：

```
[root@linuxcool ~]# gcc -S File.i -o linux.s
```

对汇编处理后的指定文件进行编译操作：

```
[root@linuxcool ~]# gcc -c File.s -o linux.o
```

对编译处理后的指定文件进行链接操作：

```
[root@linuxcool ~]# gcc File.o -o linux
```

100

xargs 命令：给其他命令传参数的过滤器

xargs 命令来自英文词组 extended arguments 的缩写，用作给其他命令传递参数的过滤器。xargs 命令能够处理从标准输入或管道符输入的数据，并将其转换成命令参数，也可以将单行或多行输入的文本转换成其他格式。

xargs 命令默认接收的信息中，空格是默认定界符，所以可以接收包含换行和空白的内容。

语法格式：xargs 参数 文件名

参考示例

默认以空格为定界符，以多行形式输出文件内容，每行显示 3 段内容值：

```
[root@linuxcool ~]# cat File.cfg | xargs -n 3
#version=RHEL8 ignoredisk --only-use=sda
autopart --type=lvm #
Partition clearing information
clearpart --all --initlabel
--drives=sda # Use
graphical install graphical
………………省略部分输出信息………………
```

指定字符 X 为定界符，默认以单行的形式输出字符串内容：

```
[root@linuxcool ~]# echo "FirstXSecondXThirdXFourthXFifth" | xargs -dX
First Second Third Fourth Fifth
```

指定字符 X 为定界符，以多行形式输出文本内容，每行显示两段内容值：

```
[root@linuxcool ~]# echo "FirstXSecondXThirdXFourthXFifth" | xargs -dX -n 2
First Second
Third Fourth
Fifth
```

设定每一次输出信息时，都需要用户手动确认后再显示到终端界面：

```
[root@linuxcool ~]# echo "FirstXSecondXThirdXFourthXFifth" | xargs -dX -n 2 -p
echo First Second ?...y
```

```
First Second
echo Third Fourth ?...y
Third Fourth
echo Fifth
 ?...y
Fifth
```

由 xargs 调用要执行的命令，并将结果输出到终端界面：

```
[root@linuxcool ~]# ls | xargs -t -I{} echo {}
echo anaconda-ks.cfg
anaconda-ks.cfg
echo Desktop
Desktop
echo Documents
Documents
```

hash 命令：管理命令运行时查询的哈希表

hash 命令来自英文词组 hash algorithm 的缩写，中文译为"哈希算法、杂凑算法"，其功能是管理命令运行时查询的哈希表。hash 命令可以显示与删除命令运行时系统查询的哈希表信息，如果不加任何参数，则会默认输出路径列表的信息，这个列表会包含先前 hash 命令调用找到的 shell 环境中命令的路径名。

语法格式：hash 参数 目录名

常用参数

-f	设置要进行哈希运算的文件路径	-t	显示哈希表中命令的完整路径
-l	显示哈希表中的命令	--help	显示帮助信息
-p	将完整路径的命令加入哈希表	--verbose	显示执行过程详细信息
-r	清除哈希表中的记录		

参考示例

显示哈希表中的命令：

```
[root@linuxcool ~]# hash -l
builtin hash -p /usr/sbin/ifconfig ifconfig
builtin hash -p /usr/bin/cat cat
builtin hash -p /usr/bin/pidof pidof
```

删除哈希表中的命令：

```
[root@linuxcool ~]# hash -r
```

向哈希表中添加命令：

```
[root@linuxcool ~]# hash -p /usr/sbin/adduser myadduser
```

在哈希表中清除记录：

```
[root@linuxcool ~]# hash -d
hits    command
   0    /usr/sbin/adduser
```

make 命令：编译内核或源码文件

make 命令的功能是编译内核或源码文件。make 是 GNU 工程化编译工具，用于编译众多相互关联的源代码文件。make 命令也可以编译内核或模块功能，以工程化的工作方式提高开发效率。

初次运行 make 命令时，它会通过扫描 Makefile 文件找到目标及其依赖关系，并在建立依赖关系后依次编译所对应的源码程序。

语法格式：make 参数 文件名

参考示例

编译当前工作目录下的工程源码：

```
[root@linuxcool ~]# make
```

读取指定文件作为 Makefile 文件：

```
[root@linuxcool ~]# make -f Makefile
```

为 make 命令提供指定的不同目录路径：

```
[root@linuxcool ~]# make -C /Dir
```

显示全部的调试信息：

```
[root@linuxcool ~]# make -d
```

103   iperf 命令：网络性能测试

iperf 是一款用于测试网络性能的命令工具，由美国伊利诺伊大学研发和维护，可以用来测试一些网络设备（如路由器、防火墙、交换机等）的性能。

性能测试是在服务器已经启动服务的场景下进行的，服务器需先执行 iperf -s 或 iperf3 -s 命令。

语法格式：iperf 参数 IP 地址

常用参数

-b	设置数据包大小	-N	设置 TCP 无延迟
-c	使用客户端模式	-o	让重定向输出到指定文件
-D	将服务器作为守护进程运行	-p	设置与服务器端的监听端口一致
-f	设置报告的格式	-P	设置要运行的并行客户端线程数量
-F	从指定文件中获取要传输的数据	-s	使用服务器模式
-h	显示帮助信息	-t	设置传输的总时间
-i	设置报告之间的停顿秒数	-T	设置存活时间
-l	设置读写缓冲区的长度	-u	使用 UDP 协议
-M	设置 TCP 最大网段	-U	使用单线程 UDP 运行模式
-n	设置要传输的字节数	-v	显示版本信息

参考示例

客户端向服务器发起累计 10 秒、每秒数据包为 100MB 的请求：

```
[root@linuxcool ~]# iperf -c 192.168.10.10 -b 100M -t 10
Connecting to host 192.168.10.10, port 5201
```

基于默认的 TCP 协议，测试客户端到服务器的上传速度：

```
[root@linuxcool ~]# iperf -c 192.168.10.10 -t 10
Connecting to host 192.168.10.10, port 5201
```

lsof 命令：查看文件的进程信息

lsof 命令来自英文词组 list opened files 的缩写，其功能是查看文件的进程信息。由于 Linux 系统中的一切都是文件，因此使用 lsof 命令查看进程打开的文件，或是查看文件的进程信息，都能帮助用户很好地了解相关服务的运行状态，是一个不错的系统监视工具。

语法格式：lsof 参数 文件名

常用参数

-a	显示与打开的文件相关的进程	-o	显示文件偏移量
-c	显示指定进程所打开的文件	-p	显示指定进程号所打开的文件
-d	显示占用该文件的进程	-R	显示父进程 ID
-g	显示 GID 号进程的详细信息	-u	显示 UID 号进程的详细信息
-h	显示帮助信息	-v	显示版本信息
-i	显示符合条件的进程	+d	显示目录下被打开的文件
-n	显示使用 NFS 的文件	+D	递归处理所有子文件
-N	显示 NFS 文件列表		

参考示例

查看当前系统中全部文件与进程的对应信息：

```
[root@linuxcool ~]# lsof
COMMAND     PID   TID TASKCMD   USER    FD      TYPE     DEVICE SIZE/OFF     NODE NAME
systemd       1       root cwd      DIR              253,0     224        128 /
systemd       1       root rtd      DIR              253,0     224        128 /
…………………省略部分输出信息………………
```

显示指定目录中被调用的文件信息：

```
[root@linuxcool ~]# lsof +d /root
COMMAND    PID USER   FD TYPE DEVICE SIZE/OFF     NODE NAME
dbus-daem 2158 root  cwd  DIR  253,0     4096 33575041 /root
gdm-wayla 2161 root  cwd  DIR  253,0     4096 33575041 /root
gnome-ses 2164 root  cwd  DIR  253,0     4096 33575041 /root
gnome-she 2223 root  cwd  DIR  253,0     4096 33575041 /root
gvfsd     2240 root  cwd  DIR  253,0     4096 33575041 /root
…………………省略部分输出信息………………
```

递归显示指定目录中全部被调用的文件信息：

```
[root@linuxcool ~]# lsof +D /root
COMMAND    PID USER    FD  TYPE DEVICE SIZE/OFF    NODE NAME
pulseaudi 2147 root   mem   REG  253,0      696 781661
/root/.config/pulse/d035ea0c9f884c418d9855119085f3f0-card-database.tdb
pulseaudi 2147 root   mem   REG  253,0    12288 781660
/root/.config/pulse/d035ea0c9f884c418d9855119085f3f0-stream-volumes.tdb
pulseaudi 2147 root   mem   REG  253,0     8192 781659
/root/.config/pulse/d035ea0c9f884c418d9855119085f3f0-device-volumes.tdb
…………………省略部分输出信息………………
```

which 命令：查找命令文件

which 命令的功能是查找命令文件，能够快速搜索二进制程序所对应的位置。如果我们既不关心同名文件（find 与 locate），也不关心命令所对应的源代码和帮助文件（whereis），仅仅是想找到命令本身所在的路径，那么这个 which 命令就太合适了。

语法格式： which 参数 文件名

常用参数

-a	显示 PATH 变量中所有匹配的可执行文件	--help	显示帮助信息
-n	设置文件名长度（不含路径）	--read-functions	从标准输入中读取 shell 函数定义
-p	设置文件名长度（含路径）	--show-tilde	使用波浪线代替路径中的家目录
-V	显示版本信息	--skip-dot	跳过 PATH 变量中以点号开头的目录
-w	设置输出时栏位的宽度		

参考示例

查找某个指定命令文件的所在位置：

```
[root@linuxcool ~]# which reboot
/usr/sbin/reboot
```

查找多个指定命令文件的所在位置：

```
[root@linuxcool ~]# which shutdown poweroff
/usr/sbin/shutdown
/usr/sbin/poweroff
```

mount.nfs 命令：挂载网络文件系统

mount.nfs 命令来自英文词组 mount network file system 的缩写，其功能是挂载网络文件系统（NFS）。其实从 RHEL/CentOS 6 版本开始，挂载 NFS 已经可以使用 mount 命令直接完成了。如果系统版本比较老，NFS 版本为 v2 或 v3，则可以用 mount.nfs 命令来完成挂载操作。

语法格式：mount.nfs 参数 域名或 IP 地址 本地目录

常用参数

-f	仅模拟挂载，不实际操作	-s	允许有一些错误，而不是挂载失败
-h	显示帮助信息	-v	显示详细信息
-n	不更新/etc/mtab 配置文件	-V	显示版本信息
-r	使用只读方式挂载文件系统	-w	使用读写方式挂载文件系统

参考示例

挂载指定的远程 NFS 服务器共享目录到本地：

```
[root@linuxcool ~]# mount.nfs 192.168.10.10:/Dir /Dir
```

以只读方式挂载指定的远程 NFS 服务器共享目录到本地：

```
[root@linuxcool ~]# mount.nfs -r 192.168.10.10:/Dir /Dir
```

以详细信息模式挂载指定的远程 NFS 服务器共享目录到本地：

```
[root@linuxcool ~]# mount.nfs -v 192.168.10.10:/Dir /Dir
```

107

hdparm 命令：显示与设定硬盘参数

hdparm 命令来自英文词组 hard disk parameters 的缩写，其功能是显示与设定硬盘参数。在初次接手一块硬盘设备时，了解相关性能属性会有很好的帮助。

语法格式：hdparm 参数 设备名

-a	设置读取文件时预先存入块区的分区数	-I	直接读取硬盘所提供的硬件规格信息
-b	设置总线状态参数	-N	设置最大可见扇区数
-B	设置高级电源管理功能	-r	设置设备的只读标识，不允许写入操作
-C	检查当前的 IDE 电源模式状态	-R	注册一个 IDE 接口
-D	启用或禁用硬盘缺陷管理功能	-s	设置待机状态下的开机功能
-E	设置 CD/DVD 驱动器的速率	-S	使硬盘进入低功耗模式
-f	将内存缓冲区的数据写入硬盘，并清空缓冲区	-t	评估硬盘读取效率
-F	冲洗驱动器上的写缓存缓冲区	-W	管理 IDE/SATA 设备的写缓存功能
-g	显示硬盘的磁轨、磁头、磁区等参数	-X	设置硬盘的传输模式
-h	显示帮助信息	-z	强制内核重新读取指定设备的分区表
-i	显示内核驱动的识别信息		

参考示例

显示指定硬盘的相关信息：

```
[root@linuxcool ~]# hdparm /dev/sdb
/dev/sdb:
 multcount     = 255 (on)
 IO_support    = 1 (32-bit)
 readonly      = 0 (off)
 readahead     = 8192 (on)
 geometry      = 2610/255/63, sectors = 41943040, start = 0
```

仅显示指定硬盘的柱面、磁头和扇区数信息：

```
[root@linuxcool ~]# hdparm -g /dev/sdb
```

评估指定硬盘的读取效率：

```
[root@linuxcool ~]# hdparm -t /dev/sdb
```

读取指定硬盘所提供的硬件规格信息：

```
[root@linuxcool ~]# hdparm -X /dev/sdb
```

apt-get 命令：管理服务软件

apt-get 命令来自英文词组 advanced package tool get 的缩写，其功能是管理服务软件。apt-get 命令主要用于 Debian、Ubuntu 等系统，能够像 yum/dnf 软件仓库一样自动下载、配置、安装、卸载服务软件，用户只要准确提出需求就好。

语法格式：apt-get 参数 软件名 动作

常用参数

-b	下载源码后进行编译	-q	静默执行模式
-c	设置配置文件信息	-u	显示要升级的软件包列表
-d	下载源码后不编译	-v	显示版本信息
-f	修复软件包的依赖关系	-V	显示软件包详细信息
-h	显示帮助信息	-y	所有询问均回答自动 yes
-m	忽略丢失的软件包		

常用动作

update	重新获取软件包列表	build-dep	编译依赖关系
upgrade	更新软件	dist-upgrade	更新系统
install	安装软件	purge	删除配置文件
remove	卸载软件	clean	清理垃圾文件
autoremove	自动卸载不使用的软件	check	检查是否损坏
source	下载源代码		

参考示例

安装指定的服务软件：

```
[root@linuxcool ~]# apt-get install httpd
```

更新软件列表：

```
[root@linuxcool ~]# apt-get update
```

卸载指定的服务软件：

```
[root@linuxcool ~]# apt-get remove httpd
```

卸载指定的服务软件及配置信息：

```
[root@linuxcool ~]# apt-get -purge remove httpd
```

dpkg 命令：管理软件安装包

dpkg 命令来自英文词组 Debian package 的缩写，其功能是管理软件安装包，是在 Debian 系统中最常用的软件安装、管理、卸载的实用工具。

语法格式：dpkg 参数 软件包

常用参数

-c	显示软件包内文件列表	-p	显示软件包的详细信息
-i	安装软件包	-r	删除软件包
-l	显示已安装的软件包列表	-s	查询软件包
-L	显示与软件包关联的文件	-S	搜索已安装的指定软件包

参考示例

安装指定的软件包：

```
[root@linuxcool ~]# dpkg -i File.deb
```

卸载指定的软件包：

```
[root@linuxcool ~]# dpkg -r File.deb
```

列出当前已安装的软件列表：

```
[root@linuxcool ~]# dpkg -l
```

显示指定软件包内的文件信息：

```
[root@linuxcool ~]# dpkg -c File.deb
```

iptables 命令：防火墙策略管理工具

iptables 是一个用于管理防火墙策略的命令，同时也是一个基于内核级别的防火墙服务，用户可以基于它对数据包进行过滤操作，拒绝掉危险的外部请求流量，保护内网的安全。iptables 命令默认仅支持 IPv4 协议，如需支持 IPv6 协议，则需使用 ip6tables 命令。

语法格式： iptables 参数 对象

常用参数

-A	向规则链中追加条目	-L	显示规则链中的已有条目
-c	初始化包计数器和字节计数器	-N	创建新的用户自定义规则链
-D	从规则链中删除条目	-o	设置数据包离开本机时所使用的网络接口
-E	重命名指定的用户自定链	-p	设置要匹配数据包的协议类型
-F	清除规则链中的现有条目	-P	设置规则链中的默认目标策略
-t	设置要管理的表	-R	替换规则链中的指定条目
-h	显示帮助信息	-s	设置要匹配数据包的源 IP 地址
-i	设置数据包进入本机的网络接口	-v	显示执行过程详细信息
-j	设置要跳转的目标	-X	删除指定的用户自定链
-I	向规则链中插入条目	-Z	清空规则链中的包计数器和字节计数器

参考示例

显示当前防火墙策略中全部的过滤表信息：

```
[root@linuxcool ~]# iptables -L
```

显示当前防火墙策略中指定的 NAT 表信息：

```
[root@linuxcool ~]# iptables -L -t nat
```

禁止指定的远程主机访问本地全部的服务（通通禁止）：

```
[root@linuxcool ~]# iptables -I INPUT -s 192.168.10.10 -j DROP
```

禁止指定的远程主机访问本地的某个端口，但允许访问其余端口：

```
[root@linuxcool ~]# iptables -I INPUT -s 192.168.10.10 -p tcp --dport 22 -j DROP
```

getfacl 命令：显示文件或目录的 ACL 策略

getfacl 命令来自英文词组 get file access control list 的缩写，其功能是显示文件或目录的 ACL 策略。对指定的文件或目录进行精准的权限控制，FACL（File Access Control List，文件访问控制列表）一定是不二之选，快用 getfacl 命令看看文件都有哪些权限吧！

语法格式：getfacl 参数 文件或目录名

常用参数

-a	显示文件的 ACL 策略	-n	显示用户 ID 和组群 ID
-c	不显示注释标题	-P	不找符号链接对应的文件
-d	显示目录的 ACL 策略	-R	递归处理所有子文件
-e	显示所有的有效权限	-t	设置表格输出格式
-h	显示帮助信息	-v	显示版本信息
-L	找到符号链接对应的文件		

参考示例

查看指定文件上有哪些访问控制策略：

```
[root@linuxcool ~]# getfacl File.txt
# file: File.txt
# owner: root
# group: root
user::rw-
group::r--
other::r--
```

查看指定文件上有哪些访问控制策略，不显示注释信息：

```
[root@linuxcool ~]# getfacl -c File.txt
user::rw-
group::r--
other::r--
```

使用表格形式查看指定文件上有哪些访问控制策略：

```
[root@linuxcool ~]# getfacl -t File.txt
file: File.txt
USER root rw-
GROUP root r--
other r--
```

setfacl 命令：设置文件 ACL 策略规则

setfacl 命令来自英文词组 set file access control list 的缩写，其功能是设置文件 ACL 策略规则。FACL 即文件访问控制列表策略，通过该技术可以更加精准地控制权限的分配，例如仅允许某个用户访问指定目录，或仅有某个用户才具有写入权限。把权限约束在一个极小的范围内，系统也就更加安全了。

语法格式：setfacl 参数 文件或目录名

常用参数

-b	清空扩展访问控制列表策略	-P	找到符号链接对应的文件
-d	应用到默认访问控制列表	-R	递归处理所有子文件
-k	移除默认访问控制列表	-x	根据文件中的访问控制列表移除指定策略
-L	跟踪符号链接文件	--help	显示帮助信息
-m	更改文件访问控制列表策略	--vesion	显示版本信息

参考示例

对目录进行 FACL 策略规则设置，允许指定用户进行读、写、执行操作：

```
[root@linuxcool ~]# setfacl -Rm u:linuxcool:rwx File
[root@linuxcool ~]# getfacl File
 file: File
 owner: root group: root
 user::rwx
 user:linuxcool:rw-
 group::r-x
 mask::rwx
 other::r-x
```

清除指定目录上已有的 FACL 策略规则：

```
[root@linuxcool ~]# setfacl -x u:linuxcool File
[root@linuxcool ~]# getfacl File
 file: File
 owner: root
 group: root
 user::rwx
 group::r-x
 other::r-x
```

113　fio 命令：对磁盘进行压力测试

　　fio 命令来自英文词组 flexible I/O tester 的缩写，其功能是对磁盘进行压力测试。硬盘 I/O 吞吐率是其性能的重要指标之一，运维人员可以使用 fio 命令对其进行测试，测试又可以细分为顺序读写和随机读写两大类。

语法格式：fio 参数 设备名

常用参数

--bandwidth-log	生成每个作业的带宽日志	--max-jobs	设置最大支持的作业数
--client	设置要完成作业的主机信息	--minimal	使用简洁格式显示统计信息
--daemonize	指定要将 PID 信息写入到的文件	--output	设置输出文件名
--debug	使用调试模式	--runtime	限制运行时间
--eta	设置何时输出 ETA 评估值	--readonly	启用只读安全检查
--help	显示帮助信息	--version	显示版本信息
--latency-log	生成每个作业的延迟日志		

常用元素

bs	指定单次 I/O 的块文件大小	rw=randwrite	测试随机写的 I/O
bsrange	提定数据块的大小范围	rw=randrw	测试随机写和读的 I/O
filename	测试文件名称	size	指定每个线程读写的数据量

参考示例

进行随机读取测试：

```
[root@linuxcool ~]# fio -filename=File -direct=1 -iodepth 1 -thread -rw=read -ioengine= psync
-bs=16k -size=10G -numjobs=10 -runtime=100 -group_reporting -name=mytest
```

进行随机写入测试：

```
[root@linuxcool ~]# fio -filename=File -direct=1 -iodepth 1 -thread -rw=randwrite
-ioengine=psync -bs=16k -size=200G -numjobs=30 -runtime=1000 -group_reporting
-name=mytest
```

进行顺序写入测试：

```
[root@linuxcool ~]# fio -filename=File -direct=1 -iodepth 1 -thread -rw=write
-ioengine=psync -bs=16k -size=200G -numjobs=30 -runtime=1000 -group_reporting
-name=mytest
```

tcpdump 命令：监听网络流量

　　tcpdump 命令的功能是监听网络流量，是一款数据嗅探工具，在 Linux 系统中常用来抓取数据包，能够记录所有经过服务器的数据包信息。tcpdump 命令需要以管理员身份执行。

语法格式：tcpdump 参数 对象

常用参数

-a	将网络和广播地址转换成名称	-p	不让网络接口进入混杂模式
-c	收到指定的数据包数目后，就停止抓包操作	-q	静默执行模式
-d	将编译过的数据包编码转换成可阅读的格式	-r	从指定的文件中读取数据
-dd	将编译过的数据包编码转换成 C 语言的格式	-s	设置每个数据包的大小
-ddd	将编译过的数据包编码转换成十进制数字的格式	-S	用绝对而非相对数值列出 TCP 关联数
-e	在每列资料上显示连接层级的文件头	-t	不显示时间戳记
-f	用数字显示网络地址	-tt	显示未经格式化的时间戳
-F	指定内含表达方式的文件	-T	将数据包转换成指定类型
-i	使用指定的网络接口送出数据包	-v	显示执行过程信息
-l	使用标准输出列的缓冲区	-vv	显示执行过程详细信息
-n	不将 IP 地址转换成主机名	-x	用十六进字码显示数据包
-O	不将数据包编码最佳化	-w	将数据包写入指定的文件

参考示例

监听指定网络接口的数据包：

```
[root@linuxcool ~]# tcpdump -i ens160
```

监听指定主机的数据包（主机名）：

```
[root@linuxcool ~]# tcpdump host linuxcool.com
```

监听指定主机的数据包（IP 地址）：

```
[root@linuxcool ~]# tcpdump host 192.168.10.10
```

监听指定端口号的数据包，并以文本形式展示：

```
[root@linuxcool ~]# tcpdump -i any port 80 -A
```

115

locate 命令：快速查找文件或目录

locate 命令的功能是快速查找文件或目录。与 find 命令进行全局搜索不同，locate 命令是基于数据文件（/var/lib/locatedb）进行的定点查找，由于缩小了搜索范围，因此速度快很多。

要想让 locate 命令查询的结果更加准确，建议定期执行 updatedb 命令对数据库文件进行更新。

语法格式：locate 参数 文件名

常用参数

-b	仅匹配文件名	-r	使用正则表达式
-c	不输出文件名	-S	显示数据库的统计信息
-d	设置数据库所在目录	-w	匹配完整的文件路径
-i	忽略大小写	--help	显示帮助信息
-l	限制最大查找数量	--version	显示版本信息
-q	静默执行模式		

参考示例

搜索带有指定关键词的文件：

```
[root@linuxcool ~]# updatedb
[root@linuxcool ~]# locate network
/dev/network_latency
/dev/network_throughput
/etc/networks
/etc/libvirt/qemu/networks
/etc/libvirt/qemu/networks/autostart
/etc/libvirt/qemu/networks/default.xml
………………省略部分输出信息………………
```

在指定的目录下搜索带有指定关键词的文件：

```
[root@linuxcool ~]# locate /etc/network
 /etc/networks
```

116

fsck 命令：检查与修复文件系统

fsck 命令来自英文词组 filesystem check 的缩写，其功能是检查与修复文件系统。若系统有过突然断电或磁盘异常的情况，建议使用 fsck 命令对文件系统进行检查与修复，以防数据丢失。

语法格式：fsck 参数 设备名

常用参数

-a	自动修复文件系统	-r	使用互动模式，在执行修复前询问用户是否确认
-C	显示进度条	-R	忽略指定的文件系统不予检查
-f	强制检查而不询问	-t	设置要检查的文件系统类型
-M	不检查正在使用的文件系统	-T	不显示标题信息
-n	不进行修复操作	-V	显示执行过程详细信息
-N	不实际执行操作，仅模拟输出结果	-y	始终尝试修复操作

参考示例

检查文件系统是否有损坏：

```
[root@linuxcool ~]# fsck /dev/sdb
fsck from util-linux 2.32.1
e2fsck 1.44.3 (10-July-2018)
/dev/sdb: clean, 11/1310720 files, 126322/5242880 blocks
```

强制检查文件系统的损坏情况：

```
[root@linuxcool ~]# fsck -f /dev/sdb
fsck from util-linux 2.32.1
e2fsck 1.44.3 (10-July-2018)
Pass 1: Checking inodes, blocks, and sizes
Pass 2: Checking directory structure
Pass 3: Checking directory connectivity
Pass 4: Checking reference counts
Pass 5: Checking group summary information
/dev/sdb: 11/1310720 files (0.0% non-contiguous), 126322/5242880 blocks
```

route 命令：显示与设置路由信息

route 命令的功能是显示与设置路由信息，是 Linux 系统中常用的静态路由配置工具。要想让两台处于不同子网的服务器实现通信，需要有一个跨网段的路由器来连接它们，并用 route 命令为其设置路由信息。

语法格式：route 参数 域名或IP地址

常用参数

-A	设置网络地址类型	-n	显示数字形式的 IP 地址
-C	显示内核路由缓存信息	-v	显示执行过程详细信息
-e	设置路由表显示格式	-host	一个主机的路由表
-F	设置内核 FIB 路由表参数	-net	一个网络的路由表

常用动作

add	增加指定的路由记录	mss	设置 TCP 的最大区块长度（MB）
del	删除指定的路由记录	window	指定通过路由表的 TCP 连接的窗口大小
target	目的网络或目的主机	dev	路由记录所表示的网络接口
gw	设置默认网关		

参考示例

显示当前路由表信息：

```
[root@linuxcool ~]# route
Kernel IP routing table
Destination     Gateway         Genmask         Flags Metric Ref  Use  Iface
192.168.10.0    0.0.0.0         255.255.255.0   U     100    0      0  ens160
192.168.122.0   0.0.0.0         255.255.255.0   U     0      0      0  virbr0
```

添加一条指定的路由信息：

```
[root@linuxcool ~]# route add -net 192.168.10.0 netmask 255.255.255.0 dev ens160
```

删除一条指定的路由信息：

```
[root@linuxcool ~]# route del -net 192.168.10.0 netmask 255.255.255.0 dev ens160
```

添加和删除默认网关：

```
[root@linuxcool ~]# route add default gw 192.168.10.1
[root@linuxcool ~]# route del default gw 192.168.10.1
```

umount 命令：卸载文件系统

umount 命令的功能是卸载文件系统。与 mount 挂载命令需要同时提供设备名与挂载目录不同，umount 卸载命令只需要提供设备名或挂载目录之一即可。

语法格式：umount 参数 设备或目录名

常用参数

-a	卸载/etc/mtab 文件中记录的所有设备	-r	使用只读方式重新挂载文件系统
-F	强制卸载设备而不询问	-t	仅卸载指定的文件系统
-h	显示帮助信息	-v	显示执行过程详细信息
-n	卸载时不要将信息写入/etc/mtab 文件中	-V	显示版本信息

参考示例

卸载指定的文件系统：

```
[root@linuxcool ~]# umount /dev/sdb
```

卸载指定的文件系统并显示过程：

```
[root@linuxcool ~]# umount -v /dev/cdrom
umount: /media/cdrom (/dev/sr0) unmounted
```

tr 命令: 字符转换工具

tr 命令来自英文单词 transform 的缩写, 中文译为"转换", 其功能是转换字符。tr 命令是一款批量字符转换、压缩、删除的文本工具, 但仅能从标准输入中读取文本内容, 需要与管道符或输入重定向操作符搭配使用。

语法格式: tr 参数 字符串 1 字符串 2

常用参数

-c	反选字符串 1 的补集	-t	将字符串 1 截断为字符串 2 的长度
-d	删除字符串 1 中出现的所有字符	--help	显示帮助信息
-s	删除所有重复出现的字符序列	--version	显示版本信息

参考示例

将指定文件中的小写字母转换成大写字母后输出内容到终端界面:

```
[root@linuxcool ~]# tr [a-z] [A-Z] < File.cfg
#VERSION=RHEL8
IGNOREDISK --ONLY-USE=SDA
AUTOPART --TYPE=LVM
# PARTITION CLEARING INFORMATION
CLEARPART --ALL --INITLABEL --DRIVES=SDA
# USE GRAPHICAL INSTALL
………………省略部分输出信息………………
```

删除指定文件中所有的数字后输出内容到终端界面:

```
[root@linuxcool ~]# tr -d [0-9] < File.cfg
#version=RHEL
ignoredisk --only-use=sda
autopart --type=lvm
# Partition clearing information
clearpart --all --initlabel --drives=sda
# Use graphical install
………………省略部分输出信息………………
```

将指定文件中的多个相邻空行去重后输出内容到终端界面:

```
[root@linuxcool ~]# tr -s "[\n]" < File.cfg
#version=RHEL8
ignoredisk --only-use=sda
autopart --type=lvm
# Partition clearing information
clearpart --all --initlabel --drives=sda
 # Use graphical install
………………省略部分输出信息………………
```

firewall-cmd 命令：防火墙策略管理工具

firewall-cmd 命令的功能是管理防火墙策略，是 firewalld 服务的配置工具。使用 firewall-cmd 命令修改的防火墙策略会立即生效，但重启后失效，因此在使用时推荐加上 permanent 参数。

关于 firewalld 服务及 firewall-cmd 命令详细的使用方法，请参阅《Linux 就该这么学（第 2 版）》第 8 章的内容。

语法格式： firewall–cmd 参数 对象

常用参数

--add-interface	将指定网卡的所有流量都导向某区域	--list-ports	显示所有正在运行的端口
--add-port	设置允许的端口	--panic-off	关闭紧急模式
--add-service	设置允许的服务	--panic-on	开启紧急模式
--add-source	将指定 IP 地址的所有流量都导向某区域	--permanent	将策略写入永久生效表
--change-interface	设置网卡与区域进行关联	--query-panic	显示是否被拒绝
--get-active-zones	显示当前正在使用的区域与网卡名称	--reload	立即加载永久生效策略，不重启服务
--get-default-zone	显示默认的区域名称	--remove-port	设置默认区域不再允许指定端口的流量
--get-services	显示预先定义的服务	--remove-source	不要将指定 IP 地址的所有流量导向某区域
--get-zones	显示可用的区域列表	--remove-service	设置默认区域不再允许指定服务的流量
--list-all	显示当前区域的网卡配置参数、资源、端口及服务	--set-default-zone	设置默认的区域
--list-all-zones	显示区域信息情况	--state	显示当前服务运行状态

参考示例

查看当前防火墙状态：

```
[root@linuxcool ~]# firewall-cmd --state
running
```

查看防火墙当前放行端口号列表：

```
[root@linuxcool ~]# firewall-cmd --zone=public --list-ports
```

重新加载防火墙策略，立即生效：

```
[root@linuxcool ~]# firewall-cmd --reload
success
```

查看当前防火墙默认使用的区域名称：

```
[root@linuxcool ~]# firewall-cmd --get-default-zone
public
```

设置当前防火墙默认使用的区域名称：

```
[root@linuxcool ~]# firewall-cmd --set-default-zone=dmz
success
```

开启紧急模式，随后关闭：

```
[root@linuxcool ~]# firewall-cmd --panic-on
success
[root@linuxcool ~]# firewall-cmd --panic-off
success
```

设置 8080-8081 为防火墙允许放行的端口号：

```
[root@linuxcool ~]# firewall-cmd --zone=public --add-port=8080-8081/tcp
```

查看防火墙当前放行端口号列表：

```
[root@linuxcool ~]# firewall-cmd --zone=public --list-ports
8080-8081/tcp
```

查询指定服务的流量是否被防火墙允许放行：

```
[root@linuxcool ~]# firewall-cmd --zone=public --query-service=ssh
yes
[root@linuxcool ~]# firewall-cmd --zone=public --query-service=https
no
```

chattr 命令：更改文件隐藏属性

chattr 命令来自英文词组 change attribute 的缩写，其功能是更改文件隐藏属性。常用的 ls 命令仅能查看文件的一般权限、特殊权限、SELinux 安全上下文与是否有 FACL（文件访问控制列表）等情况，但却无法查看到文件隐藏属性，所以有些运维人员甚至不清楚竟然还有第五种文件权限！

语法格式：chattr 参数 文件名

常用参数

-R	递归处理所有子文件	+	开启文件或目录的指定隐藏属性
-v	设置文件或目录版本	- -	关闭文件或目录的指定隐藏属性
-V	显示执行过程详细信息	=	设置文件或目录的指定隐藏属性

常用权限

i	无法对文件进行任何修改	D	检查压缩文件中的错误
a	仅允许补充内容，无法覆盖／删除内容	d	使用 dump 命令备份时忽略本文件／目录
S	文件内容在变更后立即同步到硬盘	c	默认将文件或目录进行压缩
s	彻底从硬盘中删除，不可恢复	u	当删除某文件后依然保留其在硬盘中的数据
A	不再修改这个文件或目录的最后访问时间	t	让文件系统支持尾部合并
b	不再修改文件或目录的存取时间	x	可以直接访问压缩文件中的内容

参考示例

给指定文件添加隐藏属性：

```
[root@linuxcool ~]# chattr +i File.cfg
```

从指定文件移除隐藏属性：

```
[root@linuxcool ~]# chattr -i File.cfg
```

给指定目录添加隐藏属性，递归操作：

```
[root@linuxcool ~]# chattr -R +i /Dir
```

从指定目录移除隐藏属性，递归操作：

```
[root@linuxcool ~]# chattr -R -i /Dir
```

journalctl 命令：查看指定的日志信息

journalctl 命令来自英文词组 journal control 的缩写，其功能是查看指定的日志信息。在 RHEL 7/CentOS 7 及以后版本的 Linux 系统中，systemd 服务统一管理了所有服务的启动日志，带来的好处就是可以只用 journalctl 一个命令来查看全部的日志信息了。

语法格式： journalctl 参数 对象

常用参数

-a	显示所有字段信息	-o	设置日志条目格式
-b	显示本次系统启动的日志信息	-p	依据优先级筛选
-c	从指定位置开始显示条目	-q	静默执行模式
-D	设置目录路径	-r	反选内容后再显示
-f	追踪日志内容	-u	显示指定服务的日志
-k	显示内核日志	--help	显示帮助信息
-m	显示所有可用日志	--version	显示版本信息
-n	设置日志条数		

参考示例

查看系统中全部的日志信息：

```
[root@linuxcool ~]# journalctl
-- Logs begin at Thu 2023-05-18 02:12:18 CST, end at Sat 2023-05-28 13:15:02 CS>
May 18 02:12:18 linuxprobe.com kernel: Linux version 4.18.0-80.el8.x86_64 (mock>
May 18 02:12:18 linuxprobe.com kernel: Command line: BOOT_IMAGE=(hd0,msdos1)/vm>
May 18 02:12:18 linuxprobe.com kernel: Disabled fast string operations
................省略部分输出信息................
```

指定查看内核日志信息：

```
[root@linuxcool ~]# journalctl -k
-- Logs begin at Thu 2023-05-18 02:12:18 CST, end at Sat 2023-05-28 13:15:02 CS>
May 18 02:12:18 linuxprobe.com kernel: Linux version 4.18.0-80.el8.x86_64 (mock> May 18
02:12:18 linuxprobe.com kernel: Command line: BOOT_IMAGE=(hd0,msdos1)/vm>
May 18 02:12:18 linuxprobe.com kernel: Disabled fast string operations
................省略部分输出信息................
```

指定查看本次系统启动的日志信息：

```
[root@linuxcool ~]# journalctl -b
-- Logs begin at Thu 2023-05-18 02:12:18 CST, end at Sat 2023-05-28 13:15:02 CS>
May 18 02:12:18 linuxprobe.com kernel: x86/fpu: Supporting XSAVE feature 0x001:>
May 18 02:12:18 linuxprobe.com kernel: x86/fpu: Supporting XSAVE feature 0x002:>
```

```
May 18 02:12:18 linuxprobe.com kernel: x86/fpu: Supporting XSAVE feature 0x004:>
················省略部分输出信息··············
```

指定查看某个服务程序的日志信息：

```
[root@linuxcool ~]# journalctl -u sshd
-- Logs begin at Thu 2023-05-18 02:12:18 CST, end at Sat 2023-05-28 13:17:01 CS>
May 18 02:12:22 linuxcool.com systemd[1]: Starting OpenSSH server daemon...
May 18 02:12:22 linuxcool.com sshd[1109]: Server listening on 0.0.0.0 port 22.
May 18 02:12:22 linuxcool.com sshd[1109]: Server listening on :: port 22.
May 18 02:12:22 linuxcool.com systemd[1]: Started OpenSSH server daemon
················省略部分输出信息··············
```

指定查看最近 10 条日志信息：

```
[root@linuxcool ~]# journalctl -n 10 -- Logs begin at Thu 2023-05-18 02:12:18 CST, end
at Sat 2023-05-28 13:17:01 CS>
May 28 13:01:01 linuxcool.com run-parts[3541]: (/etc/cron.hourly) finished 0ana>
May 28 13:15:00 linuxcool.com dbus-daemon[980]: [system] Activating via systemd>
May 28 13:15:00 linuxcool.com systemd[1]: Starting Fingerprint Authentication D>
May 28 13:15:00 linuxcool.com dbus-daemon[980]: [system] Successfully activated>
May 28 13:15:00 linuxcool.com systemd[1]: Started Fingerprint Authentication Da>
May 28 13:15:02 linuxcool.com gdm-password][3666]: gkr-pam: unlocked login keyr>
May 28 13:15:02 linuxcool.com NetworkManager[1093]: [1653714902.2810] a>
May 28 13:17:01 linuxcool.com anacron[2921]: Job `cron.monthly' started
May 28 13:17:01 linuxcool.com anacron[2921]: Job `cron.monthly' terminated
May 28 13:17:01 linuxcool.com anacron[2921]: Normal exit (3 jobs run)
```

持续追踪最新的日志信息，保持刷新内容：

```
[root@linuxcool ~]# journalctl -f
-- Logs begin at Thu 2023-05-18 02:12:18 CST. --
May 28 13:01:01 linuxcool.com run-parts[3541]: (/etc/cron.hourly) finished 0anacron
May 28 13:15:00 linuxcool.com dbus-daemon[980]: [system] Activating via systemd: service
name='net.reactivated.Fprint' unit='fprintd.service' requested by ':1.177' (uid=0
pid=2222 comm="/usr/bin/gnome-shell" label="unconfined_u:
unconfined_r:unconfined_t:s0-s0:c0.c1023")
May 28 13:15:00 linuxcool.com systemd[1]: Starting Fingerprint Authentication Daemon...
May 28 13:15:00 linuxcool.com dbus-daemon[980]: [system] Successfully activated service
'net.reactivated.Fprint'
May 28 13:15:00 linuxcool.com systemd[1]: Started Fingerprint Authentication Daemon. May
28 13:15:02 linuxcool.com gdm-password][3666]: gkr-pam: unlocked login keyring
May 28 13:15:02 linuxcool.com NetworkManager[1093]: [1653714902.2810] agent-manager:
req[0x7fdcc8007190, :1.177/org.gnome.Shell.NetworkAgent/0]: agent registered
May 28 13:17:01 linuxcool.com anacron[2921]: Job `cron.monthly' started
May 28 13:17:01 linuxcool.com anacron[2921]: Job `cron.monthly' terminated
May 28 13:17:01 linuxcool.com anacron[2921]: Normal exit (3 jobs run)
················省略部分输出信息··············
```

123 cpupower 命令：调整 CPU 主频参数

cpupower 命令的功能是调整 CPU 主频参数。Linux 系统内核支持根据使用场景来调节 CPU 主频参数，以提高计算性能或降低功耗。

对于移动设备来讲，在没有接通电源的时候，续航是很重要的，此时就可以启用 CPU 休眠功能。而服务器一直接着电源，而且需要具有很强的性能，此时就应禁止 CPU 休眠功能，并把 CPU 主频固定到最高值。

语法格式： cpupower 参数 对象

常用参数

frequency-info	显示主频信息	--cpu	仅显示或设置特定核心的值
frequency-set	设置主频模式	--help	显示帮助信息
-c	指定要显示的内核列表		

参考示例

查看当前 CPU 的全部主频信息：

```
[root@linuxcool ~]# cpupower -c all frequency-info
```

设置当前 CPU 为性能模式：

```
[root@linuxcool ~]# cpupower -c all frequency-set -g performance
```

设置当前 CPU 为节能模式：

```
[root@linuxcool ~]# cpupower -c all frequency-set -g powersave
```

查看 CPU 主频信息：

```
[root@linuxcool ~]# cpupower frequency-info
```

diff 命令：比较文件内容差异

diff 命令来自英文单词 different 的缩写，其功能是比较文件内容的差异。如果有多个内容相近的文件，如何快速定位到不同内容所在位置呢？此时用 diff 命令就再合适不过了！

语法格式：diff 参数 文件名 1 文件名 2

常用参数

-a	逐行比较文本文件内容	-W	设置显示栏宽
-b	不检查空格字符的不同	-x	不比较指定的文件或目录
-d	尽力找到一组较小的更改	-X	将文件或目录类型存成文本文件
-E	忽略由于选项卡扩展而引起的更改	-y	以并列的方式显示文件的异同之处
-i	忽略大小写	--brief	仅判断两个文件是否不同
-N	将不存在的文件视为空文件	--help	显示帮助信息
-q	仅判断两个文件是否不同	--left-column	若两个文件某一行内容相同，则在左侧列显示
-r	递归处理所有子文件	--strip-trailing-cr	输入时删除尾随的回车符
-t	将制表符扩展为空格	--suppress-common-lines	仅显示不同之处，需要与 y 参数搭配使用
-w	忽略所有空白	--version	显示版本信息

参考示例

仅判断两个文件是否不同：

```
[root@linuxcool ~]# diff --brief File1.txt File2.txt Files File1.txt and File2.txt differ
```

比较两个文件内容的不同之处，定位所在行数：

```
[root@linuxcool ~]# diff -c File1.txt File2.txt
*** File1.txt 2023-08-30 18:07:45.230864626 +0800
--- File2.txt 2023-08-30 18:08:52.203860389 +0800
***************
*** 1,5 ****
 ! Welcome to linuxprobe.com
Red Hat certified
! Free Linux Lessons
Professional guidance
Linux Course
--- 1,7 ----
! Welcome tooo linuxprobe.com
!
Red Hat certified
! Free Linux LeSSonS
! ////////....////////
Professional guidance
Linux Course
```

nmcli 命令：基于命令行配置网卡参数

nmcli 命令来自英文词组 networkmanager command-line interface 的缩写，其功能是基于命令行配置网卡参数。使用 nmcli 与 nmtui 命令工具配置过的参数会直接写入网卡服务配置文件，并永久生效。

语法格式： nmcli 参数 网卡名

常用参数

参数	说明	参数	说明
-f	设置要显示的字段名	-t	简洁输出信息
-h	显示帮助信息	-v	显示版本信息
-p	美观输出信息		

参考示例

显示所有网络连接的列表：

```
[root@linuxcool ~]# nmcli con show
NAME     UUID                                  TYPE      DEVICE
ens160   1136e9fc-4549-4737-b9e5-86e8250f2b5d  ethernet  ens160
virbr0   8065a10b-356e-439a-a55f-ccb965059640  bridge    virbr0
```

显示所有网络连接的详细信息：

```
[root@linuxcool ~]# nmcli device show
GENERAL.DEVICE:                         ens160
GENERAL.TYPE:                           ethernet
GENERAL.HWADDR:                         00:0C:29:22:31:9C
GENERAL.MTU:                            1500
GENERAL.STATE:                          100 (connected)
GENERAL.CONNECTION:                     ens160
……………省略部分输出信息………………
```

对指定网卡创建一个网络会话连接，网卡参数通过 DHCP 服务获取：

```
[root@linuxcool ~]# nmcli connection add con-name house type ethernet ifname ens160
Connection 'house' (d848242a-4bdf-4446-9079-6e12ab5d1f15) successfully added.
```

对指定网卡创建一个网络会话连接，网卡参数由手动指定配置：

```
[root@linuxcool ~]# nmcli connection add con-name company ifname ens160 autoconnect no
type ethernet ip4 192.168.10.10/24 gw4 192.168.10.1
Connection 'company' (6ac8f3ad-0846-42f4-819a-e1ae84f4da86) successfully added.
```

对一个指定的网络会话连接添加 DNS 地址参数：

```
[root@linuxcool ~]# nmcli connection modify company ipv4.dns 8.8.8.8
```

bc 命令：数字计算器

bc 命令来自英文词组 binary calculator 的缩写，中文译为"二进制计算器"，其功能是进行数字计算。bash 解释器仅能进行整数计算，而不支持浮点数计算，因此有时要用到 bc 命令进行高精度的数字计算工作。

语法格式：bc 参数

常用参数

-i	使用交互模式	-s	精准处理 POSIX bc 语言
-l	设置标准数学库	--help	显示帮助信息
-q	显示正常的 GNU bc 环境信息	--version	显示版本信息

参考示例

计算得出指定的浮点数乘法结果：

```
[root@linuxcool ~]# bc
1.2345*3
3.7035
```

设定计算精度为小数点后 3 位，取浮点数除法结果：

```
[root@linuxcool ~]# bc
scale=3
3/8
.375
```

分别计算整数的平方与平方根结果：

```
[root@linuxcool ~]# bc
10^10
10000000000
sqrt(100)
10.000
```

zipinfo 命令：查看压缩文件信息

zipinfo 命令来自英文词组 zip information 的缩写，其功能是查看压缩文件信息。使用 zipinfo 命令可以查看 zip 格式压缩包内的文件列表及详细信息。

语法格式： zipinfo 参数 压缩包

参考示例

显示压缩包内的文件名称及简要属性信息：

```
[root@linuxcool ~]# zipinfo File.zip
Archive: File.zip
Zip file size: 1937 bytes, number of entries: 2
-rw-------  3.0 unx     1256 tx defN 23-Dec-14 08:42 anaconda-ks.cfg
-rw-r--r--  3.0 unx     1585 tx defN 23-Dec-14 08:43 initial-setup-ks.cfg
2 files, 2841 bytes uncompressed, 1589 bytes compressed: 44.1%
```

显示压缩包内的文件名称及详细属性信息：

```
[root@linuxcool ~]# zipinfo -v File.zip
```

仅显示压缩包内的文件大小及数目信息：

```
[root@linuxcool ~]# zipinfo -h File.zip
Archive: File.zip
Zip file size: 1937 bytes, number of entries: 2
```

仅显示压缩包内的文件最后修改时间及简要属性信息：

```
[root@linuxcool ~]# zipinfo -T File.zip
Archive: File.zip
Zip file size: 1937 bytes, number of entries: 2
-rw-------  3.0 unx     1256 tx defN 20231214.084220 anaconda-ks.cfg
-rw-r--r--  3.0 unx     1585 tx defN 20231214.084343 initial-setup-ks.cfg
2 files, 2841 bytes uncompressed, 1589 bytes compressed: 44.1%
```

128

tree 命令：以树状图形式列出目录内容

tree 命令的功能是以树状图形式列出目录内容，可帮助运维人员快速了解目录的层级关系。

语法格式：tree 参数

常用参数

-a	显示所有文件和目录	-n	不在文件和目录清单上加色彩
-A	使用 ASNI 绘图字符形式	-N	直接显示文件和目录名
-C	使用彩色显示	-o	写入指定文件
-d	仅显示目录名	-p	显示权限标示
-D	显示文件更改时间	-P	仅显示符合范本样式的文件或目录名
-f	显示完整的相对路径名	-q	用"?"号替代控制字符，显示文件和目录名
-F	显示每个文件的完整路径	-s	显示文件或目录大小
-g	显示文件所属组名	-t	依据文件更改时间排序
-G	显示组名或 GID	-T	设置标题和字符串
-H	以更易读的格式输出信息	-u	显示文件或目录的所有者名
-i	不使用阶梯状显示文件或目录名	-x	将范围局限在当前的文件系统中
-I	不显示符合范本样式的文件或目录名	--help	显示帮助信息
-l	直接显示链接文件所指向的原始目录	--version	显示版本信息
-L	使用层级显示内容		

参考示例

显示当前工作目录下的文件层级情况：

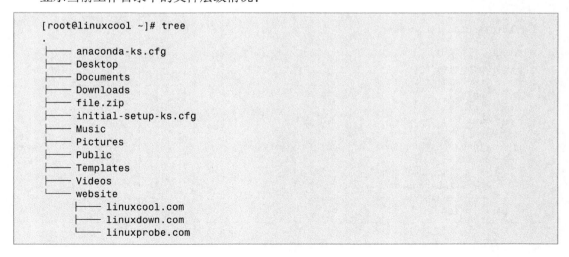

```
[root@linuxcool ~]# tree
.
├── anaconda-ks.cfg
├── Desktop
├── Documents
├── Downloads
├── file.zip
├── initial-setup-ks.cfg
├── Music
├── Pictures
├── Public
├── Templates
├── Videos
└── website
    ├── linuxcool.com
    ├── linuxdown.com
    └── linuxprobe.com
```

以文件和目录的更改时间进行排序：

```
[root@linuxcool ~]# tree -t
.
├── anaconda-ks.cfg
├── initial-setup-ks.cfg
├── Desktop
├── Documents
├── Downloads
├── Music
├── Pictures
├── Public
├── Templates
├── Videos
├── file.zip
└── website
    ├── linuxdown.com
    ├── linuxprobe.com
    └── linuxcool.com
```

以带有相对路径的形式，显示当前工作目录下的文件层级情况：

```
[root@linuxcool ~]# tree -f
.
├── ./anaconda-ks.cfg
├── ./Desktop
├── ./Documents
├── ./Downloads
├── ./file.zip
├── ./initial-setup-ks.cfg
├── ./Music
├── ./Pictures
├── ./Public
├── ./Templates
├── ./Videos
└── ./website
    ├── ./website/linuxcool.com
    ├── ./website/linuxdown.com
    └── ./website/linuxprobe.com
```

只显示目录的层级关系情况：

```
[root@linuxcool ~]# tree -d
.
├── Desktop
├── Documents
├── Downloads
├── Music
├── Pictures
├── Public
├── Templates
├── Videos
└── website
    ├── linuxcool.com
    ├── linuxdown.com
    └── linuxprobe.com

12 directories
```

129

ssh-keygen 命令：生成 SSH 密钥文件

ssh-keygen 命令来自英文词组 SSH key generate 的缩写，其功能是生成 SSH 密钥文件。ssh-keygen 命令能够对 SSH 密钥文件进行生成、管理、转换等工作，支持 RSA 和 DSA 两种密钥格式。

语法格式：ssh-keygen 参数 对象

常用参数

-b	设置密钥长度	-N	设置新密码
-B	显示密钥文件摘要	-p	设置私钥文件的密码
-c	设置注释信息	-P	提供旧密码
-e	读取已有密钥文件	-q	静默执行模式
-f	设置保存密钥的文件名	-r	显示指定公钥文件
-F	设置搜索的主机名	-t	设置要创建的密钥类型
-i	读取 SSHv2 兼容格式的未加密文件	-v	显示执行过程详细信息
-I	显示指定公钥文件的指纹信息		

参考示例

创建一个 SSH 密钥文件：

```
[root@linuxcool ~]# ssh-keygen
Generating public/private rsa key pair.
Enter file in which to save the key (/root/.ssh/id_rsa)：直接回车，以默认路径保存 Created
directory '/root/.ssh'.
Enter passphrase (empty for no passphrase)：直接回车，不额外设置密钥密码
Enter same passphrase again：直接回车，确认不额外设置密钥密码
Your identification has been saved in /root/.ssh/id_rsa.
Your public key has been saved in /root/.ssh/id_rsa.pub.
The key fingerprint is:
SHA256:tUB6SjLnvqM7p2l+bmHUZGNqUyyOPmXGyiMp3tC9xNA root@linuxcool.com
The key's randomart image is:
+---[RSA 2048]----+
|       ..        |
|      .oB        |
|     +++Oo..     |
|     ..E@o.o .   |
| .++Bo.S .       |
|..o.*=o          |
|..o..+o.         |
|  . .oo=.        |
|    o*Xo.        |
+----[SHA256]-----+
```

130 ssh-keyscan 命令：收集主机的 SSH 公钥信息

ssh-keyscan 命令的功能是收集主机的 SSH 公钥信息。Linux 系统管理员通常会先用 ssh-keygen 命令生成 SSH 密钥文件，随后用 ssh-copy-id 命令传送公钥文件到对方主机，而 ssh-keyscan 命令的作用则是收集主机上的公钥信息，创建和验证 sshd 服务程序的 ssh_known_hosts 文件。ssh-keyscan 命令仅支持 SSHv1，在 SSHv2 中无法使用。

语法格式： ssh–keyscan 参数 IP 地址

常用参数

-4	基于 IPv4 网络协议	-t	设置要创建的密钥类型
-6	基于 IPv6 网络协议	-T	设置连接尝试的超时时间
-f	从指定文件中读取地址列表和名字列表对	-v	显示执行过程详细信息
-p	设置连接远程主机的端口		

参考示例

收集主机 SSH 公钥，并输出调试信息：

```
[root@linuxcool ~]# ssh-keyscan -v 192.168.10.10
```

显示指定主机上的 RSA 密钥信息：

```
[root@linuxcool ~]# ssh-keyscan 192.168.10.10
```

显示指定主机上的 DSA 密钥信息：

```
[root@linuxcool ~]# ssh-keyscan -t dsa 192.168.10.10
```

显示调试信息：

```
[root@linuxcool ~]# ssh-keyscan -v
```

131

uniq 命令：去除文件中的重复内容行

uniq 命令来自英文单词 unique 的缩写，中文译为"独特的、唯一的"，其功能是去除文件中的重复内容行。uniq 命令能够去除掉文件中相邻的重复内容行，如果两端相同内容，但中间夹杂了其他文本行，则需要先使用 sort 命令进行排序后再去重，这样保留下来的内容就都是唯一的了。

语法格式：uniq 参数 文件名

常用参数

-c	显示每行在文本中重复出现的次数	-u	仅显示没有重复的纪录
-d	设置每个重复纪录只出现一次	-w	仅对前 N 个字符进行比较
-D	显示所有相邻的重复行	-z	设置终止符（默认为换行符）
-f	跳过对前 N 个列的比较	--help	显示帮助信息
-i	忽略大小写	--version	显示版本信息
-s	跳过对前 N 个字符的比较		

参考示例

对指定的文件进行去重操作：

```
[root@linuxcool ~]# cat File
test 30
test 30
test 30
Hello 95
Hello 95
Hello 95
Hello 95
Linux 85
Linux 85
[root@linuxcool ~]# uniq File
test 30
Hello 95
Linux 85
```

统计相同内容行在文件中重复出现的次数：

```
[root@linuxcool ~]# uniq -c File
3 test 30
4 Hello 95
2 Linux 85
```

仅显示指定文件中没有存在完全相同内容行的信息：

```
[root@linuxcool ~]# uniq -u File
[root@linuxcool ~]#
```

■ uniq 命令：去除文件中的重复内容行

仅显示指定文件中存在完全相同内容行的信息：

```
[root@linuxcool ~]# uniq -d File
test 30
Hello 95
Linux 85
```

mkfs 命令: 对设备进行格式化文件系统操作

mkfs 命令来自英文词组 make file system 的缩写, 其功能是对设备进行格式化文件系统操作。在挂载使用硬盘空间前的最后一步, 运维人员需要对整块硬盘或指定分区进行格式化文件系统操作。Linux 系统支持的文件系统包含 EXT2、EXT3、EXT4、XFS、FAT、MS-DoS、VFAT、Minix 等多种格式。

语法格式: mkfs 参数 设备名

常用参数

-c	检查指定设备是否损坏	--help	显示帮助信息
-t	设置档案系统的模式	--version	显示版本信息
-V	显示执行过程详细信息		

参考示例

对指定的硬盘进行格式化文件系统操作:

```
[root@linuxcool ~]# mkfs -t ext4 /dev/sdb
mke2fs 1.44.3 (10-July-2018)
Creating filesystem with 5242880 4k blocks and 1310720 inodes
Filesystem UUID: 84e96bc0-42bf-4531-9554-97fb04c9b47b
Superblock backups stored on blocks:
        32768, 98304, 163840, 229376, 294912, 819200, 884736, 1605632, 2654208,
        4096000
Allocating group tables: done
Writing inode tables: done
Creating journal (32768 blocks): done
Writing superblocks and filesystem accounting information: done
```

对指定的硬盘进行格式化文件系统操作, 并输出详细过程信息:

```
[root@linuxcool ~]# mkfs -V -t xfs /dev/sdb
mkfs from util-linux 2.32.1
mkfs.xfs /dev/sdb
meta-data=/dev/sdb              isize=512    agcount=4, agsize=1310720 blks
         =                      sectsz=512   attr=2, projid32bit=1
         =                      crc=1        finobt=1, sparse=1, rmapbt=0
         =                      reflink=1
data     =                      bsize=4096   blocks=5242880, imaxpct=25
         =                      sunit=0      swidth=0 blks
Naming   =version 2             bsize=4096   ascii-ci=0, ftype=1
log      =internal log          bsize=4096   blocks=2560, version=2
         =                      sectsz=512   sunit=0 blks, lazy-count=1
realtime =none                  extsz=4096   blocks=0, rtextents=0
```

help 命令：显示帮助信息

help 命令的功能是显示帮助信息，能够输出 shell 内部命令的帮助内容，但对于外部命令则无法使用，需要用 man 或 info 命令进行查看。

语法格式： help 参数 命令名

常用参数

-d	显示命令的简短描述	-s	显示短格式的帮助信息
-m	使用 man 手册格式显示帮助信息		

参考示例

以默认格式显示指定命令的帮助信息：

```
[root@linuxcool ~]# help cd
cd: cd [-L|[-P [-e]] [-@]] [dir]
    Change the shell working directory.

    Change the current directory to DIR. The default DIR is the value of the
    HOME shell variable.

    The variable CDPATH defines the search path for the directory containing
    DIR. Alternative directory names in CDPATH are separated by a colon (:).
    A null directory name is the same as the current directory. If DIR begins
    with a slash (/), then CDPATH is not used.
·················省略部分输出信息·················
```

以短格式显示指定命令的帮助信息：

```
[root@linuxcool ~]# help -s cd
cd: cd [-L|[-P [-e]] [-@]] [dir]
```

以简短格式显示指定命令的帮助信息：

```
[root@linuxcool ~]# help -d cd
cd - Change the shell working directory.
```

以 man 手册格式显示指定命令的帮助信息：

```
[root@linuxcool ~]# help -m cd
NAME
    cd - Change the shell working directory.

SYNOPSIS
    cd [-L|[-P [-e]] [-@]] [dir]

DESCRIPTION
    Change the shell working directory.

    Change the current directory to DIR. The default DIR is the value of the
    HOME shell variable.
·················省略部分输出信息·················
```

egrep 命令：在文件内查找指定的字符串

egrep 命令来自英文词组 extended global regular expression print 的缩写，其功能是在文件内查找指定的字符串。egrep 命令的执行效果与 grep -E 相似，使用的参数也可以直接参考 grep 命令。egrep 命令改良了 grep 命令原有的一些字符串处理功能，支持的正则表达式规则更多。

语法格式：egrep 参数 文件名

常用参数

-a	像处理文本一样处理二进制程序	-r	使用递归搜索模式
-b	显示匹配行距文件头部的偏移量	-s	不显示错误信息
-c	仅显示匹配行的数量	-v	内容反选
-h	不显示文件名	-w	匹配整词
-i	忽略大小写	-x	匹配整行
-l	只显示符合匹配条件的文件名	--help	显示帮助信息
-n	显示内容行号	--version	显示版本信息
-q	静默执行模式	-r	使用递归搜索模式

参考示例

在某个文件中搜索包含指定关键词的行（单一关键词）：

```
[root@linuxcool ~]# egrep 'root' File.cfg
Rootpw --iscrypted $6$c2VGkv/8C3IEwtRt$iPEjNXml6v5KEmcM9okIT.Op9/LEpFejqR.
kmQWAVX7fla3roq.3MMVKDahnvOl/pONz2WMNecy17WJ8IbOiO1
pwpolicy root --minlen=6 --minquality=1 --notstrict --nochanges --notempty
```

在某个文件中搜索包含指定关键词的行并显示行号：

```
[root@linuxcool ~]# egrep -n 'root|linuxprobe' File.cfg
18:network --hostname=linuxprobe.com
20:rootpw --iscrypted $6$c2VGkv/8C3IEwtRt$iPEjNXml6v5KEmcM9okIT.Op9/LEpFejqR.
kmQWAVX7fla3roq.3MMVKDahnvOl/pONz2WMNecy17WJ8IbOiO1
40:pwpolicy root --minlen=6 --minquality=1 --notstrict --nochanges --notempty
```

在某个文件中搜索包含指定关键词的行，将匹配内容反选后输出到屏幕：

```
[root@linuxcool ~]# egrep -v 'root|linuxprobe' File.cfg
#version=RHEL8
ignoredisk --only-use=sda
autopart --type=lvm
………………省略部分输出信息………………
```

在某个文件中搜索包含指定关键词的行（多个关键词，有任意一个即满足条件）：

```
[root@linuxcool ~]# egrep 'root|linuxprobe' File.cfg
network--hostname=linuxprobe.com
rootpw --iscrypted $6$c2VGkv/8C3IEwtRt$iPEjNXml6v5KEmcM9okIT.Op9/LEpFejqR.kmQWAVX7
fla3roq.3MMVKDahnvOl/pONz2WMNecy17WJ8IbOiO1
pwpolicy root --minlen=6 --minquality=1 --notstrict --nochanges --notempty
```

export 命令：将变量提升成环境变量

export 命令的功能是将变量提升成环境变量，亦可将 shell 函数输出为环境变量。通常个人创建出的变量仅能在自己账户下使用，其他人是无法看到的。若想让每个人都能看到并有权利去使用变量值，则需要使用 export 命令进行提升操作。

语法格式：export 参数 变量

常用参数

-f	设置函数名称	-p	显示所有环境变量
-n	删除指定变量	-s	设置文件来源
-o	创建 JSON 文件路径		

参考示例

列出当前系统中所有的环境变量信息：

```
[root@linuxcool ~]# export -p
declare -x COLORTERM="truecolor"
declare -x DBUS_SESSION_BUS_ADDRESS="unix:path=/run/user/0/bus"
declare -x DESKTOP_SESSION="gnome"
declare -x DISPLAY=":0"
declare -x GDMSESSION="gnome"
··············省略部分输出信息··············
```

将指定变量提升成环境变量：

```
[root@linuxcool ~]# export MYENV
```

定义一个变量并提升成环境变量：

```
[root@linuxcool ~]# export MYENV=www.linuxcool.com
```

ftp 命令：文件传输协议客户端

ftp 命令来自英文词组 file transfer protocol（FTP）的缩写，是一个文件传输协议客户端。FTP 是当前最常用的文件传输协议之一，而 ftp 命令也是最常用的 FTP 协议客户端，它能够用于在本地主机和远程主机之间上传和下载文件，实现两端的通信。

在登录时匿名 FTP 服务器，使用 anonymous 作为用户名，使用任意的电子邮件作为密码。通常，用户只能从匿名 FTP 服务器下载文件，而能上传文件。另外，FTP 使用明文传送用户的认证信息，很容易被局域网内的嗅探软件截获，所以使用 ftp 命令时要格外注意。

语法格式：ftp 参数 域名或 IP 地址

常用参数

-A	使用主动模式	-n	禁用自动登录
-d	使用调试模式	-p	使用被动模式
-e	禁用命令编辑和历史记录	-t	激活数据包追踪
-g	关闭文件名替换	-v	显示执行过程详细信息
-i	关闭交互模式		

常用动作

ascii	使用 ASCII 文本格式	mdelete	删除一批文件
bell	完成传输后发出提醒音	mget	下载一批文件到本地
binary	使用二进制格式	mkdir	创建目录文件
bye	退出 FTP 控制会话	mput	上传一批文件到服务器
cd	切换到指定目录	open	创建一个新的连接
cdup	切换到上级目录	prompt	使用交互提示模式
chmod	更改文件权限	put	上传文件到服务器
delete	删除指定文件	pwd	显示当前工作目录
dir	显示指定目录中的文件列表	quit	退出 FTP 控制会话
get	下载文件到本地	rename	更改文件名称
help	显示帮助信息	rmdir	删除指定目录
lcd	切换本地工作目录	status	显示 FTP 服务状态
ls	显示指定目录中的文件列表	system	显示服务器主机系统类型
macdef	定义宏命令		

参考示例

使用匿名模式，连接到指定的远程 FTP 服务器：

```
[root@linuxcool ~]# ftp 192.168.10.10
Connected to 192.168.10.10 (192.168.10.10).
220 (vsFTPd 3.0.3)
Name (192.168.10.10:root): anonymous
331 Please specify the password.
Password:此处敲击回车即可
230 Login successful.
Remote system type is UNIX.
Using binary mode to transfer files.
ftp>
```

从 FTP 服务器中下载指定的文件到本地目录：

```
ftp> get File.txt
```

从本地目录上传文件到 FTP 服务器中：

```
ftp> put File.txt
```

查看 FTP 服务的帮助信息：

```
ftp> help
```

查看 FTP 服务器中的文件列表：

```
ftp> ls
```

删除 FTP 服务器中的指定文件：

```
ftp> delete File.txt
```

在 FTP 服务器中创建一个远程目录：

```
ftp> mkdir linux
```

退出连接：

```
ftp> quit
```

137

init 命令：切换系统运行级别

init 命令来自英文单词 initialize 的缩写，其功能是切换系统运行级别。init 命令是 Linux 系统中的进程初始化工具，是一切服务程序的父进程，它的进程号永远为 1。管理员可以使用 init 命令对系统运行级别进行自由切换，亦可进行重启、关机等操作。

语法格式：init 参数

常用参数

0	关机	4	无功能
1	单用户	5	图形界面
2	多用户	6	重启
3	完全多用户模式	--help	显示帮助信息

参考示例

关闭服务器：

```
[root@linuxcool ~]# init 0
```

切换单用户模式：

```
[root@linuxcool ~]# init 1
```

切换多用户模式：

```
[root@linuxcool ~]# init 2
```

切换完全多用户模式（常见的文字界面级别）：

```
[root@linuxcool ~]# init 3
```

切换图形界面模式（常见的图形界面级别）：

```
[root@linuxcool ~]# init 5
```

重启服务器：

```
[root@linuxcool ~]# init 6
```

138

whereis 命令：显示命令及相关文件的路径位置

whereis 命令的功能是显示命令及相关文件的路径位置信息，可用于找到命令（二进制程序）、命令源代码、man 帮助手册等相关文件的路径位置信息，帮助我们更好地管理这些文件。

有别于 find 命令进行的全盘搜索，whereis 命令的查找速度非常快，因为它不是在磁盘中乱找，而是在指定数据库中查询，该数据库是 Linux 系统自动创建的，包含本地所有文件的信息，每天自动更新一次。但也正因为这样，whereis 命令的搜索结果会不及时，比如刚添加的文件可能搜不到，原因就是该数据库文件还没有更新，管理人员需手动执行 updatedb 命令进行更新。

语法格式：whereis 参数 命令名

常用参数

-b	查找二进制程序或命令文件	-s	仅查找源代码文件
-m	查找 man 帮助手册文件	-u	查找可执行文件、源代码及帮助文档

参考示例

查找指定命令程序及相关文件所在的位置：

```
[root@linuxcool ~]# whereis poweroff
poweroff: /usr/sbin/poweroff /usr/share/man/man8/poweroff.8.gz
```

仅查找指定命令程序文件所在的位置：

```
[root@linuxcool ~]# whereis -b poweroff
poweroff: /usr/sbin/poweroff
```

仅查找指定命令的帮助文件所在的位置：

```
[root@linuxcool ~]# whereis -m poweroff
poweroff: /usr/share/man/man8/poweroff.8.gz
```

tracepath 命令：追踪数据包的路由信息

tracepath 命令的功能是追踪数据包的路由信息。tracepath 命令能够追踪并显示数据包到达目的主机所经过的路由信息，以及对应的 MTU 值。

语法格式：tracepath 参数 域名或 IP 地址

-4	基于 IPv4 网络协议	-m	设置最大 TTL 值
-6	基于 IPv6 网络协议	-n	仅显示 IP 地址
-b	显示 IP 地址和主机名	-p	设置要使用的初始目标端口
-l	设置初始化的数据包长度	-V	显示版本信息

参考示例

追踪到达域名的主机路由信息：

```
[root@linuxcool ~]# tracepath www.linuxcool.com
 1?: [LOCALHOST]                          pmtu 1500
 1:  10.130.116.46                                        0.601ms
 1:  10.130.115.46                                        0.558ms
 2:  11.73.1.89                                           0.732ms
 3:  11.54.242.117                                        0.940ms
 4:  103.52.85.150                                        1.900ms
 ················省略部分输出信息················
```

追踪到达域名的主机路由信息，同时显示 IP 地址与主机名：

```
[root@linuxcool ~]# tracepath -b www.linuxcool.com
 1?: [LOCALHOST]                          pmtu 1500
 1:  10.130.115.46 (10.130.115.46)                        0.486ms
 1:  10.130.116.46 (10.130.116.46)                        0.527ms
 2:  11.73.1.237 (11.73.1.237)                            0.697ms
 3:  11.54.241.165 (11.54.241.165)                        1.082ms
 ················省略部分输出信息················
```

设置追踪数据包路由的最大 TTL 值为 20，并追踪到达域名的主机路由信息：

```
[root@linuxcool ~]# tracepath -m 20 www.linuxcool.com
 1?: [LOCALHOST]                          pmtu 1500
 1:  10.130.115.46                                        0.607ms
 1:  10.130.116.46                                        0.672ms
 2:  11.73.1.65                                           0.689ms
 3:  10.92.110.37                                         4.966ms
 4:  10.102.255.201                                       0.987ms
 ················省略部分输出信息················
```

140

alias 命令：设置命令别名

alias 命令来自英文单词 alias，中文译为"别名"，其功能是设置命令别名信息。我们可以使用 alias 将一些较长的命令进行简写，往往几十个字符的命令会变成几个字母，从而大大提高我们的工作效率。

必须使用单引号将原来的命令引起来，防止特殊字符导致错误。并且 alias 命令的作用只局限于该次登入的操作，若要每次登入都能使用这些命令别名，则可将相应的 alias 命令存放到 bash 的初始化文件/etc/bashrc 中。

语法格式： alias 参数 对象

常用参数

-p	显示系统中已有的命令别名

参考示例

查看系统中已有的命令别名信息：

```
[root@linuxcool ~]# alias -p
alias cp='cp -i'
alias egrep='egrep --color=auto'
alias fgrep='fgrep --color=auto'
alias grep='grep --color=auto'
alias l.='ls -d .* --color=auto'
alias ll='ls -l --color=auto'
alias ls='ls --color=auto'
alias mv='mv -i'
alias rm='rm -i'
………………省略部分输出信息………………
```

新增一个命令别名（lc），其作用是查看当前目录下文件列表及权限等信息：

```
[root@linuxcool ~]# alias lc='ls -al'
[root@linuxcool ~]# lc
total 48
dr-xr-x---. 15 root root 4096 Jan 22 14:41 .
dr-xr-xr-x. 17 root root  224 Jan 22 06:34 ..
-rw-------.  1 root root 1387 Jan 22 06:41 anaconda-ks.cfg
-rw-------.  1 root root  127 Jan 22 14:42 .bash_history
-rw-r--r--.  1 root root   18 Aug 13  2023 .bash_logout
-rw-r--r--.  1 root root  176 Aug 13  2023 .bash_profile
-rw-r--r--.  1 root root  176 Aug 13  2023 .bashrc
………………省略部分输出信息………………
```

blktrace 命令：分析磁盘 I/O 负载情况

blktrace 命令来自英文词组 block trace 的缩写，其功能是分析磁盘 I/O 负载情况。在查看 Linux 系统磁盘的负载情况时，我们一般会使用 iostat 监控工具，其中很重要的参数就是 await。await 表示单个 I/O 所需的平均时间，但它同时也包含了 I/O 调度器所消耗的时间和硬件所消耗的时间，所以不能作为硬件性能的指标。

那么，如何才能分辨一个 I/O 从下发到返回的整个时间内，是硬件耗时多还是在 I/O 调度耗时多呢？如何查看 I/O 在各个时间段所消耗的时间呢？blktrace 命令在这种场合就能派上用场了，因为它能记录 I/O 所经历的各个步骤，从中可以分析是 IO 调度器慢还是硬件响应慢，以及它们各自所用的时间。

语法格式：blktrace 参数 设备名

常用参数

-a	添加到当前过滤器		-l	设置要使用的缓冲区数量
-A	设置过滤信息为十六进制掩码		-n	设置缓冲池大小
-b	设置缓存大小		-o	设置输出文件的名字
-d	设置设备追踪		-r	设置 debugfs 挂载点
-D	设置输入文件的基本名称		-v	显示版本信息
-h	设置主机名		-w	设置运行的时间
-k	杀掉正在运行的追踪			

参考示例

分析指定磁盘的 I/O 情况：

```
[root@linuxcool ~]# blktrace -d /dev/sda
```

设置运行的时间为 30 秒，分析指定磁盘的 I/O 情况：

```
[root@linuxcool ~]# blktrace -w 30 -d /dev/sda
=== sda ===
CPU 0:                    10 events,        1 KiB data
CPU 1:                     0 events,        0 KiB data
CPU 2:                     0 events,        0 KiB data
CPU 3:                     0 events,        0 KiB data
CPU 4:                     0 events,        0 KiB data
CPU 5:                     0 events,        0 KiB data
CPU 6:                     0 events,        0 KiB data
CPU 7:                     0 events,        0 KiB data
CPU 8:                   150 events,        8 KiB data
CPU 9:                    10 events,        1 KiB data
CPU 10:                    1 events,        1 KiB data
```

```
CPU 11:                        0 events,        0 KiB data
CPU 12:                        0 events,        0 KiB data
...............省略部分输出信息...............
```

分析指定磁盘的 I/O 情况，并指定输出文件的名称：

```
[root@linuxcool ~]# blktrace -d /dev/sda -o File
[root@linuxcool ~]# ls File.blktrace.*
File.blktrace.0  File.blktrace.14 File.blktrace.2  File.blktrace.4
File.blktrace.1  File.blktrace.15 File.blktrace.20 File.blktrace.5
File.blktrace.10 File.blktrace.16 File.blktrace.21 File.blktrace.6
File.blktrace.11 File.blktrace.17 File.blktrace.22 File.blktrace.7
File.blktrace.12 File.blktrace.18 File.blktrace.23 File.blktrace.8
File.blktrace.13 File.blktrace.19 File.blktrace.3  File.blktrace.9
...............省略部分输出信息...............
```

partprobe 命令：重读分区表信息

partprobe 命令来自英文词组 partition probe 的缩写，其功能是重读分区表信息。该命令可将磁盘分区表变化信息通知给系统内核，请求操作系统重新加载分区表。有时我们在创建或删除分区设备后，系统并不会立即生效，这时就需要使用 partprobe 命令在不重启系统的情况下重新读取分区表信息，使新设备信息与系统同步。

语法格式： partprobe 参数 设备名

常用参数

-d	不更新内核	-s	显示摘要和分区信息
-h	显示帮助信息	-v	显示版本信息

参考示例

重读系统中全部设备的分区表信息：

```
[root@linuxcool ~]# partprobe
```

重读系统中指定设备的分区表信息：

```
[root@linuxcool ~]# partprobe /dev/sda
```

查看命令的帮助信息：

```
[root@linuxcool ~]# partprobe -h
Usage: partprobe [OPTION] [DEVICE]...
Inform the operating system about partition table changes.

 -d, --dry-run   do not actually inform the operating system
 -s, --summary   print a summary of contents
 -h, --help      display this help and exit
 -v, --version   output version information and exit

When no DEVICE is given, probe all partitions.
```

143

lsattr 命令：显示文件的隐藏属性

lsattr 命令来自英文词组 list attribute 的缩写，其功能是显示文件的隐藏属性。隐藏属性也叫隐藏权限，顾名思义就是用 chattr 命令添加在文件上的隐藏权限属性。这些属性信息用常规的 ls 命令无法查看，需要使用 lsattr 命令查看。

语法格式：lsattr 参数 文件名

常用参数

-a	显示目录中的所有文件	-F	设置用户定义的格式
-d	仅显示目录名称	-l	显示设备的逻辑名称
-D	显示属性的名称及默认值	-R	递归处理所有子文件
-E	显示从用户设备数据库中获得的当前值	-V	显示版本信息

参考示例

查看指定文件的隐藏属性：

```
[root@linuxcool ~]# lsattr File.cfg
-----a---------- File.cfg
```

仅查看指定目录本身的隐藏属性：

```
[root@linuxcool ~]# lsattr -d /root
---------------- /Dir
```

查看指定目录中全部文件的隐藏属性：

```
[root@linuxcool ~]# lsattr -a /root
---------------- /root/.
---------------- /root/..
---------------- /root/.bash_logout
---------------- /root/.bash_profile
---------------- /root/.bashrc
---------------- /root/.cshrc
---------------- /root/.tcshrc
-----a---------- /root/File.cfg
---------------- /root/.cache
```

144

timedatectl 命令：设置系统时间与日期

timedatectl 命令来自英文词组 time date control 的缩写，其功能是设置系统时间与日期。与使用 date 命令设置日期时间不同，使用 timedatectl 命令设置过的日期时间信息将被写入系统配置文件，从而立即且长期有效，不会随系统重启而失效。该命令还能用来查看系统时间与日期，一站式搞定系统时间。

语法格式： timedatectl 参数 对象

常用参数

list-timezones	显示已知时区信息	set-time TIME	设置系统时间
set-local-rtc 0	设置硬件始终为 UTC 时间	set-timezone ZONE	设置系统时区
set-local-rtc 1	设置硬件始终为本地时间	status	显示当前时间状态
set-ntp (true/false)	开启或关闭 NTP 时间服务器同步功能		

参考示例

查看当前系统中的时区、日期、时间等信息：

```
[root@linuxcool ~]# timedatectl status
              Local time: Fri 2023-10-21 16:23:57 CST
          Universal time: Fri 2023-10-21 08:23:57 UTC
                RTC time: Fri 2023-10-21 16:23:55
               Time zone: Asia/Shanghai (CST, +0800)
System clock synchronized: no
             NTP service: active
          RTC in local TZ: no
```

关闭 NTP 时间服务器同步功能：

```
[root@linuxcool ~]# timedatectl set-ntp false
```

设置系统日期：

```
[root@linuxcool ~]# timedatectl set-time 2024-05-18
```

设置系统时间：

```
[root@linuxcool ~]# timedatectl set-time 20:18
```

■ timedatectl 命令：设置系统时间与日期

查看可选时区：

```
[root@linuxcool ~]# timedatectl list-timezones
Africa/Abidjan
Africa/Accra
Africa/Addis_Ababa
Africa/Algiers
Africa/Asmara
Africa/Bamako
Africa/Bangui
Africa/Banjul
……………省略部分输出信息………………
```

设置系统时区：

```
[root@linuxcool ~]# timedatectl set-timezone "Asia/Shanghai"
```

145

hexdump：以多种进制格式查看文件内容

hexdump 命令来自英文词组 hexadecimal dump 的缩写，其功能是以多种进制格式查看文件内容。hexdump 命令是 Linux 系统中一款好用的文件内容查看工具，可以将文件内容转换成 ASCII、二进制、八进制、十进制、十六进制格式进行查看，满足各种需求。

语法格式： hexdump 参数 文件名

-b	使用八进制显示	-n	仅格式化输入文件的前 N 个字节
-c	使用单字节字符显示	-o	使用双字节八进制显示
-C	使用十六进制和 ASCII 码显示	-s	从偏移量开始输出
-d	使用双字节十进制显示	-v	显示所有输入数据
-e	设置字符串格式	-x	使用双字节十六进制显示

参考示例

以十六进制格式查看指定文件的内容：

```
[root@linuxcool ~]# hexdump File.cfg
0000000 7623 7265 6973 6e6f 523d 4548 384c 690a
0000010 6e67 726f 6465 7369 206b 2d2d 6e6f 796c
0000020 752d 6573 733d 6164 610a 7475 706f 7261
0000030 2074 2d2d 7974 6570 6c3d 6d76 230a 5020
0000040 7261 6974 6974 6e6f 6320 656c 7261 6e69
0000050 2067 6e69 6f66 6d72 7461 6f69 0a6e 6c63
··················省略部分输出信息··················
```

以十六进制和 ASCII 格式查看指定文件的内容：

```
[root@linuxcool ~]# hexdump -C File.cfg
00000000 23 76 65 72 73 69 6f 6e 3d 52 48 45 4c 38 0a 69 |#version=RHEL8.i|
00000010 67 6e 6f 72 65 64 69 73 6b 20 2d 2d 6f 6e 6c 79 |gnoredisk --only|
00000020 2d 75 73 65 3d 73 64 61 0a 61 75 74 6f 70 61 72 |-use=sda.autopar|
00000030 74 20 2d 2d 74 79 70 65 3d 6c 76 6d 0a 23 20 50 |t --type=lvm.# P|
00000040 61 72 74 74 69 6f 6e 20 63 6c 65 61 72 69 6e |artition clearin|
··················省略部分输出信息··················
```

以十进制格式查看指定文件的内容：

```
[root@linuxcool ~]# hexdump -d File.cfg
0000000 30243 29285 26995 28271 21053 17736 14412 26890
0000010 28263 29295 25701 29545 08299 11565 28271 31084
0000020 29997 25971 29501 24932 24842 29813 28783 29281
0000030 08308 11565 31092 25968 27709 28022 08970 20512
0000040 29281 26996 26996 28271 25376 25964 29281 28265
··················省略部分输出信息··················
```

stat 命令：显示文件的状态信息

stat 命令来自英文单词 status 的缩写，其功能是显示文件的状态信息。在 Linux 系统中，每个文件都有 3 个 "历史时间"——最后访问时间（ATIME）、最后修改时间（MTIME）、最后更改时间（CTIME），用户可以使用 stat 命令查看到它们，进而判别有没有其他人修改过文件内容。

使用 touch 命令可以轻易修改文件的 ATIME 和 MTIME，因此请勿单纯以文件历史时间作为判别系统有无被他人入侵的唯一标准。

语法格式：stat 参数 文件名

常用参数

-c	设置显示格式	-Z	显示 SELinux 安全上下文值
-f	显示文件系统信息	--help	显示帮助信息
-L	支持符号链接	--version	显示版本信息
-t	设置以简洁方式显示		

参考示例

查看指定文件的状态信息（含 ATIME、MTIME 与 CTIME）：

```
[root@linuxcool ~]# stat
  File.cfg File: File.cfg
  Size: 1388        Blocks: 8        IO Block: 4096    regular file
Device: fd00h/64768d  Inode: 35314179   Links: 1
Access: (0600/-rw-------) Uid: (    0/   root) Gid: (    0/    root)
Context: system_u:object_r:admin_home_t:s0
Access: 2023-10-17 02:59:34.692395342 +0800
Modify: 2023-10-17 02:32:41.346972365 +0800
Change: 2023-10-17 02:32:41.346972365 +0800
  Birth: -
```

仅查看指定文件的文件系统信息：

```
[root@linuxcool ~]# stat -f File.cfg
  File: "File.cfg"
    ID: fd0000000000 Namelen: 255    Type: xfs
Block size: 4096      Fundamental block size: 4096
Blocks: Total: 4452864   Free: 3442276   Available: 3442276
Inodes: Total: 8910848   Free: 8792229
```

以简洁的方式查看指定文件的状态信息：

```
[root@linuxcool ~]# stat -t File.cfg
File.cfg 1388 8 8180 0 0 fd00 35314179 1 0 0 1665946774 1665945161 1665945161
0 4096 system_u:object_r:admin_home_t:s0
```

147

gpasswd 命令：设置管理用户组

gpasswd 命令来自英文词组 group password 的缩写，其功能是设置管理用户组。用户可以使用 gpasswd 命令对用户组进行充分的管理，例如设置/删除密码、添加/删除组成员、设置组管理员/普通成员等，提高日常工作中对用户组的管理效率。

语法格式：gpasswd 参数 用户组名

常用参数

-a	添加用户到指定组	-M	设置组成员
-A	设置管理员	-r	删除组密码
-d	从组中删除用户	-R	限制用户登入组

参考示例

将指定用户加入到 root 管理员用户组：

```
[root@linuxcool ~]# gpasswd -a linuxprobe root
Adding user linuxprobe to group root
```

将指定用户从 root 管理员用户组中删除：

```
[root@linuxcool ~]# gpasswd -d root linuxprobe
Removing user root from group linuxprobe
```

为指定用户组设置管理密码：

```
[root@linuxcool ~]# gpasswd root
Changing the password for group root
New Password: 输入组管理密码
Re-enter new password: 再次输入组管理密码
```

删除指定用户组中的管理密码：

```
[root@linuxcool ~]# gpasswd -r root
```

148

rsync 命令：远程数据同步工具

rsync 命令来自英文词组 remote sync 的缩写，其功能是远程数据同步。rsync 命令能够基于网络（包含局域网和互联网）快速地实现多台主机间的文件同步工作。与 scp 或 ftp 命令会发送完整的文件不同，rsync 有独立的文件内容差异算法，会在传送前对两个文件进行比较，只传送两者内容间的差异部分，因此速度更快。

语法格式：rsync 参数 目录名

常用参数

-b	备份指定目标文件	-o	保留文件原始所有者身份
-B	设置检验算法使用的块大小	-p	保留文件原始权限信息
-c	对文件传输进行校验	-P	显示进度信息
-d	不递归目录文件，不传输子文件	-q	使用精简输出模式
-D	保留设备文件信息	-r	递归处理所有子文件
-g	保留文件原始所有组身份	-R	使用相对路径
-h	显示帮助信息	-t	保留文件时间信息
-H	保留硬链接文件	-v	显示执行过程详细信息
-l	保留软链接文件	-x	设置不跨越文件系统边界
-n	显示将要传输的文件列表	-z	压缩文件

参考示例

将本地目录（/Dir）与远程目录（192.168.10.10:/Dir）相关联，保持文件同步：

```
[root@linuxcool ~]# rsync -r /Dir 192.168.10.10:/Dir
root@192.168.10.10's password: 此处输入远程服务器密码
```

将远程目录（192.168.10.10:/Dir）与本地目录（/Dir）相关联，保持文件同步：

```
[root@linuxcool ~]# rsync -r 192.168.10.10:Dir /Dir
root@192.168.10.10's password: 此处输入远程服务器密码
```

关联两个本地的目录，保持文件同步：

```
[root@linuxcool ~]# rsync -r /Dir1 /Dir2
```

列出本地指定目录内的文件列表：

```
[root@linuxcool ~]# rsync /Dir2/
drwxr-xr-x              18 2023/10/19 16:46:42 .
dr-xr-x---           4,096 2023/10/19 16:46:54 root
```

列出远程指定目录内的文件列表：

```
[root@linuxcool ~]# rsync 192.168.10.10:/Dir/
root@192.168.10.10's password: 此处输入远程服务器密码
drwxrwxrwt          4,096 2023/10/19 16:47:41 .
-r--r--r--             11 2023/10/17 03:13:19 .X0-lock
-r--------             11 2023/10/17 03:05:57 .X1024-lock
-rw-------            532 2023/10/17 02:31:58 .viminfo
-rw-r--r--          2,587 2023/10/17 02:59:47 anaconda.log
-rw-r--r--          2,604 2023/10/17 02:59:34 dbus.log
```

last 命令：显示用户历史登录情况

last 命令的功能是显示用户历史登录情况。通过查看系统记录的日志文件内容，可使管理员获知谁曾经或者试图连接过服务器。

通过读取系统登录历史日志文件（/var/log/wtmp）并按照用户名、登录终端、来源终端、时间等信息进行划分，可让用户对系统历史登录情况一目了然。

语法格式：last 参数 对象

常用参数

-a	将来源终端信息项放到最后	-n	设置显示行数
-d	将 IP 地址解析成域名或主机名	-R	不显示主机名字段
-f	设置记录文件	-s	显示指定时间以后的行
-F	显示完整的登录时间和日期	-t	显示指定时间之前的行
-h	显示帮助信息	-x	显示系统开关机信息
-i	显示指定 IP 的登录情况	-V	显示版本信息

参考示例

显示近期用户或终端的历史登录情况：

```
[root@linuxcool ~]# last
root     tty2         tty2             Mon Oct 17 03:13    gone - no logout
reboot  system boot  4.18.0-80.el8.x8 Mon Oct 17 03:05    still running
root     tty2         tty2             Mon Oct 17 03:00 - 03:05 (00:05)
reboot  system boot  4.18.0-80.el8.x8 Mon Oct 17 02:59 - 03:05 (00:06)

wtmp begins Mon Oct 17 02:59:19 2023
```

仅显示最近 3 条历史登录情况，并不显示来源终端信息：

```
[root@linuxcool ~]# last -n 3 -R
root     tty2         Mon Oct 17 03:13 gone - no logout
reboot  system boot  Mon Oct 17 03:05 still running
root     tty2         Mon Oct 17 03:00 - 03:05 (00:05)

wtmp begins Mon Oct 17 02:59:19 2023
```

显示系统的开关机历史信息，并将来源终端放到最后：

```
[root@linuxcool ~]# last -x -a
root     tty2         Mon Oct 17 03:13    gone - no logout tty2
runlevel (to lvl 5)  Mon Oct 17 03:06    still running     4.18.0-80.el8.x86_64
reboot  system boot  Mon Oct 17 03:05    still running     4.18.0-80.el8.x86_64
```

```
shutdown system down Mon Oct 17 03:05 - 03:05 (00:00)    4.18.0-80.el8.x86_64
root     tty2        Mon Oct 17 03:00 - 03:05 (00:05)    tty2
runlevel (to lvl 5)  Mon Oct 17 02:59 - 03:05 (00:05)    4.18.0-80.el8.x86_64
reboot   system boot Mon Oct 17 02:59 - 03:05 (00:06)    4.18.0-80.el8.x86_64

wtmp begins Mon Oct 17 02:59:19 2023
```

150

md5sum 命令：计算文件内容的 MD5 值

md5sum 命令来自英文词组 MD5 summation 的缩写，其功能是计算文件内容的 MD5 值，进而比较两个文件是否相同。MD5 值是一个 128 位的二进制数据，转换成十六进制则是 32 位。

用户可以通过此命令对文件内容进行汇总并计算出一个 MD5 值，如果有某两个文件的 MD5 值完全相同，则代表两个文件内容完全相同。文件名称不对计算结果产生影响。

语法格式：md5sum 参数 文件名

常用参数

-b	使用二进制模式	-w	检查输入的 MD5 值有没有非法行
-c	使用已生成的 MD5 值对文件进行检验	--quiet	静默执行模式
-t	使用文本模式		

参考示例

生成文件 MD5 值：

```
[root@linuxcool ~]# md5sum File.cfg
24eefbc43eb4f019c05f478e4378428e File.cfg
```

以文本模式读取文件内容，并生成 MD5 值：

```
[root@linuxcool ~]# md5sum -t File.cfg
24eefbc43eb4f019c05f478e4378428e File.cfg
```

以二进制模式读取文件内容，并生成 MD5 值：

```
[root@linuxcool ~]# md5sum -b File.cfg
24eefbc43eb4f019c05f478e4378428e File.cfg
```

mail 命令：发送和接收邮件

mail 命令的功能是发送和接收邮件，是 Linux 系统中重要的电子邮件管理工具，自 RHEL 8 / CentOS 8 系统起，该命令正式改名为 mailx，而 mail 则作为软链接文件保留。

语法格式：mail 参数 对象

常用参数

-a	添加邮件附件	-n	不使用 mail.c 文件中的配置参数
-b	设置密件抄送的收信人	-N	预览邮件时不显示标题
-c	设置抄送的收信人	-s	给邮件追加主题
-f	读取指定邮件的附件	-u	读取指定用户的邮件
-i	不显示终端发出的信息	-v	显示执行过程详细信息
-l	使用交互模式		

参考示例

向指定的邮箱发送信件 ，以单个句号（.）结束邮件：

```
[root@linuxcool ~]# mail root@linuxprobe.com
Subject: Hello World
Collection of Linux commands
Welcome to linuxcool.com
.
EOT
```

查看当前用户身份下的邮件信息：

```
[root@linuxcool ~]# mail
Heirloom Mail version 12.5 7/5/10. Type ? for help.
"/var/spool/mail/root": 1 message 1 new
>N 1 liuchuan                  Tue Mar 30 09:35 97/3257 "Hello World"
………………省略部分输出信………………
```

152 showmount 命令：显示 NFS 服务器的共享信息

showmount 命令来自英文词组 show mounted disk 的缩写，其功能是显示 NFS 服务器的共享信息。NFS 是一款广泛使用的 Linux 系统文件共享服务，客户通常仅需先使用 showmount 命令查看 NFS 服务器的共享设备信息，随后使用 mount 命令远程挂载到本地即可使用，无须密码验证。

语法格式： showmount 参数 域名或 IP 地址

参考示例

获取已经被客户端加载的 NFS 共享目录：

```
[root@linuxcool ~]# showmount -d 192.168.10.10
```

获取 NFS 服务器的全部共享目录：

```
[root@linuxcool ~]# showmount -e 192.168.10.10
Export list for 192.168.10.10:
/Dir 192.168.10.*
```

dnf 命令：新一代的软件包管理器

dnf 命令来自英文词组 dandified yum 的缩写，是新一代的软件包管理器，其功能是安装、更新、卸载 Linux 系统中的软件。dnf 最初应用于 Fedora 18 系统中，旨在解决 yum 命令的诸多瓶颈，例如占用大量内存、软件依赖关系臃肿、运行速度缓慢等。

dnf 与 yum 命令的执行格式高度相同，只需要将日常软件包管理操作中的 yum 替换成 dnf 命令即可。

语法格式：dnf 参数 软件名

常用参数

autoremove	删除孤立无用的软件包	info	查看软件包详情
check-update	检查更新系统的软件包	install	安装软件包
clean all	删除缓存的无用软件包	list	显示全部软件包名称
distro-sync	更新软件包到最新稳定版	provides	查找文件提供者
downgrade	回滚软件到指定版本	remove	删除软件包
groupinstall	安装一个软件包组	repolist	显示可用软件库信息
grouplist	查看所有的软件包组	reinstall	重新安装指定软件包
groupremove	删除一个软件包组	search	搜索软件库中的指定软件包
groupupdate	升级软件包组中的软件包	update	升级软件包
history	显示帮助信息	version	显示版本信息

参考示例

安装指定的软件包：

```
[root@linuxcool ~]# dnf install httpd
```

安装指定的软件包，且无须二次确认：

```
[root@linuxcool ~]# dnf install httpd -y
```

更新指定的软件包：

```
[root@linuxcool ~]# dnf update httpd
```

重新安装指定软件包：

```
[root@linuxcool ~]# dnf reinstall httpd
```

卸载指定的软件包：

```
[root@linuxcool ~]# dnf remove httpd
```

查询软件仓库中已有软件包列表：

```
[root@linuxcool ~]# dnf list
```

更新系统中所有的软件包至最新版：

```
[root@linuxcool ~]# dnf update
```

154

nmtui 命令：管理网卡配置参数

nmtui 命令来自英文词组 network manager tui 的缩写，其功能是管理网卡配置参数。用户可以使用 nmtui 命令在终端下调出类图形界面，然后使用方向键和 Enter 键即可进行控制，因此对于不会使用 nmcli 命令的新手管理员来讲十分友好。

语法格式： nmtui

常用参数

Activate a connection	激活网卡	Quit	退出工具
Edit a connection	编辑网卡	Set system hostname	设置主机名

参考示例

进入网卡参数配置界面：

```
[root@linuxcool ~]# nmtui
```

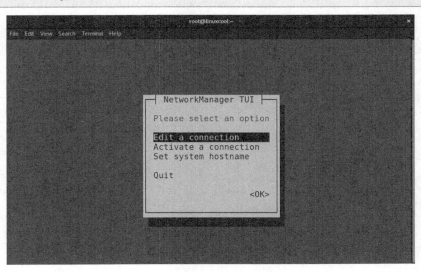

155

iscsiadm 命令：iSCSI 服务管理工具

iscsiadm 命令来自英文词组 iSCSI administration 的缩写，是最常用的 iSCSI 服务管理工具。iscsiadm 是一个命令行工具，能够发现、登录、卸载远程 iSCSI 目标，还能管理 open-iscsi 数据库。iSCSI 服务的配置过程较复杂，建议参考《Linux 就该这么学（第 2 版）》的 17.3 节。有些时候，服务器可能未安装 iSCSI 服务应用程序，此时需要先安装后使用，如执行 dnf install targetcli -y 命令安装。

语法格式：iscsiadm 参数 域名或 IP 地址

常用参数

-d	设置排错模式级别	-s	显示会话统计信息
-h	显示帮助信息	-t st	设置扫描操作的类型
-l	登录远程设备	-u	卸载指定设备
-m	设置 discovery 或 node 模式	-v	设置用于更新的值
-o	开启认证模式	-V	显示版本信息
-p	设置目标服务器的 IP 地址和端口	-T	设置节点名称

参考示例

发现远程可用的 iSCSI 服务器节点：

```
[root@linuxcool ~]# iscsiadm -m discovery -t st -p 192.168.10.10
192.168.10.10:3260,1 iqn.2003-01.org.linux-iscsi.linuxprobe.x8664:sn.745b21d6cad5
```

登录远程可用的 iSCSI 服务器节点：

```
[root@linuxcool ~]# iscsiadm -m node -T iqn.2003-01.org.linux-iscsi.linuxprobe.
x8664:sn.745b21d6cad5 -p 192.168.10.10 --login
Logging in to [iface: default, target: iqn.2003-01.org.linux-iscsi.linuxprobe.
x8664:sn.745b21d6cad5, portal: 192.168.10.10,3260] (multiple)
Login to [iface: default, target: iqn.2003-01.org.linux-iscsi.linuxprobe.x8664:
sn.745b21d6cad5, portal: 192.168.10.10,3260] successful.
```

卸载本地已挂载的指定 iSCSI 存储设备：

```
[root@linuxcool ~]# iscsiadm -m node -T iqn.2003-01.org.linux-iscsi.linuxprobe.
x8664:sn.745b21d6cad5 -u
Logging out of session [sid: 1, target: iqn.2003-01.org.linux-iscsi.linuxprobe.
x8664:sn.745b21d6cad5, portal: 192.168.10.10,3260]
Logout of [sid: 1, target: iqn.2003-01.org.linux-iscsi.linuxprobe.x8664:
sn.745b21d6cad5, portal: 192.168.10.10,3260] successful.
```

卸载本地已挂载的全部 iSCSI 存储设备：

```
[root@linuxcool ~]# iscsiadm -m node --logoutall=all
```

nc 命令：扫描与连接指定端口

nc 命令来自英文词组 net cat 的缩写，其功能是扫描与连接指定端口。nc 命令是一个功能丰富的网络实用工具，被誉为网络界的"瑞士军刀"，短小精悍，功能实用。它支持 TCP 和 UDP 协议，能够基于命令行在网络上读取和写入数据，连接与扫描指定端口号，为用户提供无限的潜在用途。

语法格式：nc 参数 域名或 IP 地址

常用参数

-g	设置路由器通信网关	-r	设置本地与远程主机的端口
-h	显示帮助信息	-s	设置本地主机送出数据包的 IP 地址
-i	设置时间间隔	-u	使用 UDP 传输协议
-l	使用监听模式	-v	显示执行过程详细信息
-n	使用 IP 地址，而不是域名	-w	设置等待连线的时间
-o	设置文件名	-z	使用输入或输出模式
-p	设置本地主机使用的端口		

参考示例

扫描指定主机的 80 端口（默认为 TCP）：

```
[root@linuxcool ~]# nc -nvv 192.168.10.10 80
```

扫描指定主机的 1~1000 端口，指定为 UDP：

```
[root@linuxcool ~]# nc -u -z -w2 192.168.10.10 1-1000
```

扫描指定主机的 1~100 端口，并显示执行过程：

```
[root@linuxcool ~]# nc -v -z -w2 192.168.10.10 1-100
```

service 命令：管理系统服务

service 命令的功能是管理系统服务，是早期红帽公司发行的 Linux 系统中最常见的命令之一，主要用于 RHEL 7/CentOS 7 版本以前的系统，能够启动、停止、重启或关闭指定服务程序，亦能查看服务的运行状态信息。

语法格式：service 参数 服务名称

常用参数

restart	重启服务	stop	关闭服务
start	启动服务	-h	显示帮助信息
status	查看服务状态	--status-all	显示所有服务状态

参考示例

查看系统中所有服务的状态：

```
[root@linuxcool ~]# service --status-all
```

查看指定服务的状态：

```
[root@linuxcool ~]# service sshd status
```

启动指定的服务程序：

```
[root@linuxcool ~]# service sshd start
```

关闭指定的服务程序：

```
[root@linuxcool ~]# service sshd stop
```

重启指定的服务程序：

```
[root@linuxcool ~]# service sshd restart
```

158

mkpasswd 命令：生成用户的新密码

mkpasswd 命令来自英文词组 make password 的缩写，其功能是生成用户的新密码。mkpasswd 命令可以生成一个适用于用户的随机的新密码，管理员可以指定随机密码的长度及所含字符的规则。有经验的用户可以结合管道符将新生成的密码直接作用于用户，一条命令即可设置好新密码。

每次生成的随机密码均不同，请在正式设置用户密码前保存好，不要忘记哦！

语法格式：mkpasswd 参数 用户名

常用参数

-c	设置在密码中小写字母的最少个数	-p	指定程序来设置密码（默认为/bin/passwd）
-C	设置在密码中大写字母的最少个数	-s	设置在密码中特殊字符的最少个数
-d	设置密码的最少字符数	-v	设置密码互动可见
-l	设置生成密码的长度		

参考示例

生成出一个长度为 20 字符的新密码：

```
[root@linuxcool ~]# mkpasswd -l 20
I#4Zwretqzyhq3xnsaeo
```

生成出一个含 3 位数字的新密码：

```
[root@linuxcool ~]# mkpasswd -d 3
c30UMd2h:
```

生成出一个长度为 20 字符、含 5 位大写字母的新密码，并自动为指定用户进行新密码设定：

```
[root@linuxcool ~]# mkpasswd -C 5 -l 10 | passwd --stdin linuxcool
Changing password for user linuxcool.
passwd: all authentication tokens updated successfully.
```

159

uptime 命令：查看系统负载

uptime 命令的功能是查看系统负载，是 Linux 系统中最常用的命令之一。uptime 命令能够显示系统已经运行了多长时间、当前登入用户的数量，以及过去 1 分钟、5 分钟、15 分钟内的负载信息。该命令的用法也十分简单，一般不需要加参数，直接输入 uptime 即可。

语法格式：uptime 参数

常用参数

-p	以更易读的方式显示	--help	显示帮助信息
-s	显示本次开机时间	--version	显示版本信息

参考示例

查看当前系统负载及相关信息：

```
[root@linuxcool ~]# uptime
05:52:21 up 1:41, 1 user, load average: 0.01, 0.01, 0.00
```

以更易读的形式显示系统的已运行时间：

```
[root@linuxcool ~]# uptime -p
up 1 hour, 39 minutes
```

显示本次系统的开机时间：

```
[root@linuxcool ~]# uptime -s
2024-01-30 04:11:20
```

nmap 命令：网络探测及端口扫描工具

nmap 命令来自英文词组 network mapper 的缩写，中文译为"网络映射器"。nmap 是一款开放源代码的网络探测和安全审计工具，能够快速扫描互联网、局域网或单一主机上的开放信息，基于原始 IP 数据包自动分析网络中有哪些主机、主机提供何种服务、服务程序的版本是什么，从而为日常维护和安全审计提供数据支撑。

除了可帮助管理员了解整个网络情况外，nmap 还能获取目标主机的更深入的信息，例如反向域名、操作系统与设备的种类及类型、MAC 网卡地址信息等。

语法格式：nmap 参数 域名或 IP 地址

常用参数

-A	使用高级功能进行扫描	-ps	发送 SYN 数据包
-d	显示调试信息	-PU	执行 UDP ping
-n	不使用域名解析	-sP	对目标主机进行 ping
-p	扫描指定端口和端口范围	-sV	探测服务版本信息
-R	为所有目标解析域名	--traceroute	扫描主机端口并跟踪路由
-PE	强制执行 ICMP ping		

参考示例

扫描目标主机并跟踪路由信息：

```
[root@linuxcool ~]# nmap --traceroute www.linuxcool.com
```

扫描目标主机上的特定端口号信息：

```
[root@linuxcool ~]# nmap -p80,443 www.linuxcool.com
```

扫描目标主机上的指定端口号段信息：

```
[root@linuxcool ~]# nmap -p1-10000 www.linuxcool.com
```

使用高级模式扫描目标主机：

```
[root@linuxcool ~]# nmap -A www.linuxcool.com
```

ntpdate 命令：设置日期和时间

ntpdate 命令来自英文词组 NTP date 的拼写，其功能是设置日期和时间。ntpdate 命令能够基于 NTP 设置 Linux 系统的本地日期和时间。通过利用 NTP 服务的时钟过滤器来选择最优方案，可大大提高时间的可靠性和精度，让系统时间总是准确无误。

语法格式：ntpdate 参数

常用参数

-a	使用 keyid 来认证全部数据包	-p	设置从每个服务器上获取的样本数目
-b	自动调整日期时钟	-q	仅进行查询操作
-d	设置调试方式	-s	使用日志服务，而不是用标准输出
-e	设置延迟认证处理的时间秒数	-t	设置等待响应的时间
-k	设置包含密钥信息的文件名	-u	设置发送数据包的端口号
-o	设置发送轮询数据包时的 NTP 版本	-v	显示版本信息

参考示例

调整日期时钟：

```
[root@linuxcool ~]# ntpdate -b
```

向指定的 NTP 服务器同步时间：

```
[root@linuxcool ~]# ntpdate ntp.aliyun.com
```

仅向指定的 NTP 服务器查询时间，但不进行同步设置：

```
[root@linuxcool ~]# ntpdate -q ntp.aliyun.com
```

cal 命令：显示系统月历与日期

cal 命令来自英文单词 calendar 的缩写，中文译为"日历"，其功能是显示系统月历与日期信息。该命令简单好用，无须过多介绍，想好需求后参考常用参数即可使用。

语法格式：cal 参数 对象

常用参数

-1	显示本月的日历	-l	单月份输出日历
-3	显示最近三个月的日历	-m	将星期一作为每月的第一天
-C	使用校准模式	-s	将星期天作为每月的第一天
-h	显示帮助信息	-V	显示版本信息
-j	显示在当年中的第几天（儒略日）	-y	显示当年的日历

参考示例

显示当前月份及对应日期：

```
[root@linuxcool ~]# cal
      April 2023
Su Mo Tu We Th Fr Sa
                   1
 2  3  4  5  6  7  8
 9 10 11 12 13 14 15
16 17 18 19 20 21 22
23 24 25 26 27 28 29
30
```

显示指定的月历信息，如 2025 年 2 月：

```
[root@linuxcool ~]# cal 2 2025
     February 2025
Su Mo Tu We Th Fr Sa
                   1
 2  3  4  5  6  7  8
 9 10 11 12 13 14 15
16 17 18 19 20 21 22
23 24 25 26 27 28
```

显示最近 3 个月的日历（上个月、当前月、下个月）：

```
[root@linuxcool ~]# cal -3
      March 2023           April 2023            May 2023
Su Mo Tu We Th Fr Sa  Su Mo Tu We Th Fr Sa  Su Mo Tu We Th Fr Sa
          1  2  3  4                     1      1  2  3  4  5  6
 5  6  7  8  9 10 11   2  3  4  5  6  7  8   7  8  9 10 11 12 13
12 13 14 15 16 17 18   9 10 11 12 13 14 15  14 15 16 17 18 19 20
19 20 21 22 23 24 25  16 17 18 19 20 21 22  21 22 23 24 25 26 27
26 27 28 29 30 31     23 24 25 26 27 28 29  28 29 30 31
                      30
```

163

at 命令：一次性定时计划任务

at 命令的功能是设置一次性定时计划任务，是 Linux 系统中常用的计划任务工具之一，会以 atd 守护进程的形式在后台运行。相较于 crond 周期性计划任务服务程序，at 命令的特点就是计划任务具有一次性特征，即一旦设置的计划任务被执行，该任务就会从任务列表库中删除，因此常被用于仅需执行一次的工作。

语法格式：at 参数 对象

常用参数

-b	设置批处理命令的别名	-M	从不向用户发邮件
-c	显示指定任务的内容	-q	使用指定的队列
-d	删除系统中的等待任务	-r	删除指定的任务
-f	将指定文件提交给等待任务	-t	以时间的形式提交运行任务
-l	显示系统中的全部任务	-v	显示任务将被执行的时间
-m	任务完成后给用户发邮件	-V	显示版本信息

参考示例

查看系统中的等待任务：

```
[root@linuxcool ~]# at -l
```

删除系统中指定编码为 1 的计划任务：

```
[root@linuxcool ~]# at -r 1
```

使用计划任务立即执行某指定脚本文件：

```
[root@linuxcool ~]# at -f File.sh now
```

使用计划任务设置 25 分钟后执行某个指定的脚本文件：

```
[root@linuxcool ~]# at -f File.sh now+25 min
```

使用计划任务设置今天的 10:11 准时执行某个指定的脚本文件：

```
[root@linuxcool ~]# at -f File.sh 10:11
```

使用计划任务设置在 2024 年 5 月 18 日准时执行某个脚本文件：

```
[root@linuxcool ~]# at -f File.sh 05/18/2024
```

lsscsi 命令：列出 SCSI 设备及属性信息

lsscsi 命令来自英文词组 list SCSI 的缩写，其功能是列出 SCSI 设备及属性信息，SCSI 是一种常用的小型计算机系统接口。lsscsi 命令可以很方便地帮助管理员区分固态硬盘、SATA 硬盘和 FC 硬盘。

语法格式：lsscsi 参数 设备编码

常用参数

-d	显示设备节点的主要和次要号码	-P	输出有效的保护模式信息
-g	显示 SCSI 通用设备文件名称	-s	显示设备容量大小
-H	显示当前连接到系统的 SCSI 主机	-t	显示传输信息
-i	显示 udev 相关属性	-v	显示设备属性所在的目录
-k	显示内核名称	-w	显示 WWN（全球名称）信息
-l	显示每一个 SCSI 设备的附加信息	-x	使用十六进制显示逻辑单元号（LUN）
-L	使用"属性名=值"的格式显示附加信息		

参考示例

列出当前系统中全部 SCSI 设备及属性信息：

```
[root@linuxcool ~]# lsscsi
[2:0:0:0]    disk    ATA      VMware Virtual S 0001 /dev/sda
[3:0:0:0]    cd/dvd  NECVMWar VMware SATA CD01 1.00 /dev/sr0
```

查看指定编码的设备属性信息：

```
[root@linuxcool ~]# lsscsi 2:0:0:0
[2:0:0:0]    disk    ATA      VMware Virtual S 0001 /dev/sda
```

查看 SCSI 设备的传输信息：

```
[root@linuxcool ~]# lsscsi -t
[2:0:0:0]    disk    sata:5000c296ee85ed36       /dev/sda
[3:0:0:0]    cd/dvd  sata:                       /dev/sr0
```

165 pstree 命令: 以树状图形式显示进程信息

pstree 命令来自英文词组 display a tree of processes 的缩写, 其功能是以树状图形式显示进程信息, 可帮助管理员更好地了解进程间的关系。在 Linux 系统中, 常用 ps 命令查看进程状态信息, 但是却无法了解进程之间的依赖关系 (比如, 哪个是父进程, 哪个是子进程)。这些信息可通过 pstree 命令进行查看。

语法格式: pstree 参数

常用参数

-a	显示完整信息	-s	显示指定进程的父进程
-A	使用 ASCII 字符绘制树	-S	显示命名空间转换
-c	不使用精简标示法	-p	显示进程号码
-g	显示进程组 ID	-u	显示用户名
-G	使用 VT100 终端机绘图字符	-U	使用 UTF-8 编码绘制字符
-h	特别标明现在执行的程序	-V	显示版本信息
-I	使用长格式显示树状图	-Z	显示每个进程的安全上下文
-n	依据 PID 排序上下级进程		

参考示例

以树状图的形式显示当前系统中的全部进程 (默认):

```
[root@linuxcool ~]# pstree
systemd-+-ModemManager---2*[{ModemManager}]
        |-NetworkManager---2*[{NetworkManager}]
        |-VGAuthService
        |-accounts-daemon---2*[{accounts-daemon}]
        |-atd
        |-auditd-+-sedispatch
        |        `-2*[{auditd}]
……………省略部分输出信息……………
```

以更完整、更丰富的信息样式显示每个进程:

```
[root@linuxcool ~]# pstree -a
systemd --switched-root --system --deserialize 17
  ├─ModemManager
  │ └─2*[{ModemManager}]
  ├─NetworkManager --no-daemon
  │ └─2*[{NetworkManager}]
  ├─VGAuthService -s
  ├─accounts-daemon
  │ └─2*[{accounts-daemon}]
  ├─atd -f
……………省略部分输出信息……………
```

xfs_info 命令：查看 XFS 类型设备的详情

xfs_info 命令来自英文词组 XFS information 的缩写，其功能是查看 XFS 类型设备的详情。这是一个超简单的命令，在该命令后直接追加设备的名称，即可看到指定 XFS 设备的详情。

语法格式：xfs_info 参数 设备名

常用参数

-d	设置应增长文件系统的数据部分	-r	设置应增长文件系统的实时部分
-e	设置实时范围大小	-t	设置备用装载表文件
-L	设置尺寸	-V	显示版本信息
-n	设置不更改文件系统		

参考示例

查看指定 XFS 设备的详细信息：

```
[root@linuxcool ~]# xfs_info  /dev/vda1
meta-data=/dev/vda1              isize=512    agcount=17, agsize=1310656 blks
         =                       sectsz=512   attr=2, projid32bit=1
         =                       crc=1        finobt=1, sparse=1, rmapbt=0
         =                       reflink=1    bigtime=0 inobtcount=0
data     =                       bsize=4096   blocks=20971259, imaxpct=25
         =                       sunit=0      swidth=0 blks
Naming   =version 2              bsize=4096   ascii-ci=0, ftype=1
Log      =internal log           bsize=4096   blocks=2560, version=2
         =                       sectsz=512   sunit=0 blks, lazy-count=1
realtime =none                   extsz=4096   blocks=0, rtextents=0
```

查看命令工具自身的版本号：

```
[root@linuxcool ~]# xfs_info -V
xfs_info version 5.0.0
```

nslookup 命令：查询域名服务器信息

nslookup 命令来自英文词组 nameserver lookup 的缩写，其功能是查询域名服务器信息。nslookup 命令能够查询指定域名所对应的 DNS 服务器信息（正向解析），亦可查询指定 DNS 服务器上所绑定的域名信息（反向解析）。该命令有两种工作方式，其一是交互式，在命令行中执行 nslookup 命令后即可进入，是一问一答的查询模式；其二是非交互式，直接在命令后追加域名或 IP 地址信息即可进行查询操作。

语法格式：nslookup 参数 域名或 IP 地址

常用参数

exit	退出命令	set port	设置默认 TCP/UDP DNS 域名服务器的端口号
help	显示帮助信息	set retry	设置重试次数
ls	显示 DNS 域信息	set root	设置用于查询根服务器的名称
root	设置默认服务器为 DNS 域名空间的根目录服务器	set srchlist	设置默认 DNS 域名或搜索列表
server	设置解析域名的服务器地址	set timeout	设置等待请求答复的初始秒数
set	设置查找运行方式的配置信息	set type	设置查询的资源记录类型
set all	显示当前配置信息	set type=a	设置查询域名 A 记录
set class	设置查询类	set type=mx	设置查询域名邮件交换记录
set debug	设置调试模式	set type=soa	设置查询域名授权起始信息
set domain	设置默认 DNS 域名为指定名称		

参考示例

查询指定域名所对应的 DNS 服务器信息（非交互式）：

```
[root@linuxcool ~]# nslookup www.linuxcool.com
Server:         180.76.76.76
Address:        180.76.76.76#53
Non-authoritative answer:
Name:   www.linuxcool.com
Address: 216.218.186.2
Name:   www.linuxcool.com
Address: 2001:470:0:76::2
```

查询指定域名所对应的 DNS 服务器信息（交互式）：

```
[root@linuxcool ~]# nslookup
>www.linuxcool.com
Server:         180.76.76.76
Address:        180.76.76.76#53
```

```
Non-authoritative answer:
Name:    www.linuxcool.com
Address: 216.218.186.2
Name:    www.linuxcool.com
Address: 2001:470:0:76::2
>
```

在交互查询模式下，设置仅显示域名的邮件交换记录服务器信息：

```
[root@linuxcool ~]# nslookup
>set type=mx
>www.linuxcool.com
Server:          180.76.76.76
Address:         180.76.76.76#53

Non-authoritative answer:
www.linuxcool.com mail exchanger = 1 www.linuxcool.com.

Authoritative answers can be found from:
www.linuxcool.com  internet address = 216.218.186.2
www.linuxcool.com  has AAAA address 2001:470:0:76::2
```

killall 命令：基于服务名关闭一组进程

killall 命令的功能是基于服务名关闭一组进程。我们在使用 kill 命令关闭指定 PID 的服务时，暂且不说要先用 ps 命令找到对应的 PID 才能关闭它，很多服务实际上会发起多个进程，对应数个不同 PID，用 kill 命令逐一关闭也是一件麻烦事。将 ps 和 kill 两个命令的执行过程合二为一，就得到了超好用的 killall 命令。管理员只需要给出要关闭的服务名，该命令就能自动找到该服务所对应的全部进程信息，并关闭它们。

语法格式：killall 参数 服务名

常用参数

-e	进行精确匹配	-s	用指定的进程号代替默认信号
-g	杀死进程所属的进程组	-u	杀死指定用户的进程
-i	杀死进程前询问用户是否确认	-v	显示执行过程详细信息
-l	显示所有已知信号列表	-w	一直等待，直到命令执行完成后再退出
-o	匹配指定时间前开始的进程	-y	匹配指定时间后开始的进程
-q	静默执行模式	--help	显示帮助信息
-r	使用正规表达式匹配要杀死的进程名称	--version	显示版本信息

参考示例

结束指定服务所对应的全部进程：

```
[root@linuxcool ~]# killall httpd
```

打印所有已知信号列表：

```
[root@linuxcool ~]# killall -l
HUP INT QUIT ILL TRAP ABRT BUS FPE KILL USR1 SEGV USR2 PIPE ALRM TERM STKFLT
CHLD CONT STOP TSTP TTIN TTOU URG XCPU XFSZ VTALRM PROF WINCH POLL PWR SYS
```

arping 命令：发送 ARP 请求数据包

arping 命令来自英文词组 ARP ping 的缩写，其功能是发送 ARP（Address Resolution Protocol，地址解析协议）请求数据包。arping 命令使用 ARP 数据包来测试网络状态，能够判断某个指定的 IP 地址是否已在网络上使用，并能够获取更多的设备信息，像是加强版的 ping 命令。

语法格式：arping 参数 域名或 IP 地址

常用参数

-b	仅发送以太网广播帧	-I	设置发送 ARP 请求数据包的网络接口
-c	发送指定个数的 ARP 请求数据包后停止	-q	静默执行模式
-D	使用重复地址检测模式	-s	设置发送 ARP 请求数据包的源 IP 地址
-f	在第一个回复确认目标存活后退出命令	-U	更新邻近主机的 ARP 缓存
-h	显示帮助信息	-V	显示版本信息
-i	设置数据包之间的间隔时间	-w	设置超时秒数

参考示例

测试指定主机的存活状态：

```
[root@linuxcool ~]# arping -f 192.168.10.10
ARPING 192.168.10.10 from 192.168.10.149 ens192
Unicast reply from 192.168.10.10 [00:03:0F:81:6B:F1] 1.995ms
Sent 1 probes (1 broadcast(s))
Received 1 response(s)
```

向指定主机发送 3 次 ARP 请求数据包：

```
[root@linuxcool ~]# arping -c 3 192.168.10.10
ARPING 192.168.10.10 from 192.168.10.149 ens192
Unicast reply from 192.168.10.10 [00:03:0F:81:6B:F1] 1.813ms
Unicast reply from 192.168.10.10 [00:03:0F:81:6B:F1] 1.850ms
Unicast reply from 192.168.10.10 [00:03:0F:81:6B:F1] 1.816ms
Sent 3 probes (1 broadcast(s))
Received 3 response(s)
```

使用指定网口发送指定次数的 ARP 请求数据包后自动退出命令：

```
[root@linuxcool ~]# arping -I ens192 -c 2 192.168.10.10
ARPING 192.168.10.10 from 192.168.10.149 ens192
Unicast reply from 192.168.10.10 [00:03:0F:81:6B:F1] 1.861ms
Unicast reply from 192.168.10.10 [00:03:0F:81:6B:F1] 1.921ms
Sent 2 probes (1 broadcast(s))
Received 2 response(s)
```

w 命令：显示已登录用户的信息

w 命令来自英文单词 who 的缩写，其功能是显示已登录用户的信息。运维人员只需在命令终端中输入 w 键并按 Enter 键，即可查看当前系统中已登录的用户列表和他们正在执行的命令等信息，从而更好地了解系统正在执行的工作，以及等同事都下班后再重启或关闭服务器，避免突然中断他人工作。

语法格式：w 参数

常用参数

-f	显示用户登录来源	-s	使用短输出格式
-h	不显示头信息	-u	忽略指定的用户名
-i	显示 IP 地址而不是主机名	-V	显示版本信息
-l	显示执行过程详细信息	--help	显示帮助信息
-o	使用老式输出格式		

参考示例

显示目前登入系统用户的信息（默认格式）：

```
[root@linuxcool ~]# w
 06:21:04 up 10 min, 1 user, load average: 0.11, 0.06, 0.02
USER      TTY       FROM           LOGIN@   IDLE   JCPU   PCPU WHAT
root      tty2      tty2           22Jun23 17days 11.47s 0.19s /usr/libexec/tr
```

显示目前登入系统用户的信息（不显示头信息）：

```
[root@linuxcool ~]# w -h
root      tty2      tty2           22Jun23 17days 12.51s 0.20s /usr/libexec/tr
```

显示当前登录用户的来源：

```
[root@linuxcool ~]# w -f
06:21:54 up 11 min, 1 user, load average: 0.11, 0.06, 0.02
USER      TTY       LOGIN@  IDLE  JCPU  PCPU WHAT
root      tty2      22Jun23 17days 14.17s 0.20s /usr/libexec/tracker-miner-fs
```

171

host 命令：解析域名结果

host 命令的功能是解析域名结果，是一个查找 DNS 解析结果的简单程序。将域名转换成 IP 地址的形式，可帮助运维人员找到指定域名所对应的 IP 地址。

语法格式：host 参数 域名

常用参数

-4	基于 IPv4 网络协议	-r	不使用递归的查询方式解析域名
-6	基于 IPv6 网络协议	-R	限制 UDP 查询的重试次数
-a	显示全部信息	-s	若服务器不响应，则不发送查询
-c	设置查询类型	-t	设置查询的域名信息类型
-C	显示指定主机完整的 SOA 记录	-v	显示执行过程详细信息
-d	显示调试跟踪信息	-V	显示版本信息
-l	显示区域信息	-W	设置查询域名的最长等待时间

参考示例

查询指定域名所对应的 IP 地址信息（默认模式）：

```
[root@linuxcool ~]# host www.linuxcool.com
www.linuxcool.com has address 203.107.45.167
```

查询指定域名所对应的 IP 地址信息（详细模式）：

```
[root@linuxcool ~]# host -v www.linuxcool.com
Trying "www.linuxcool.com"
;; ->>HEADER<<- opcode: QUERY, status: NOERROR, id: 41364
;; flags: qr rd ra; QUERY: 1, ANSWER: 1, AUTHORITY: 0, ADDITIONAL: 0

;; QUESTION SECTION:
;www.linuxcool.com.                    IN      A

;; ANSWER SECTION:
www.linuxcool.com.          248       IN      A       203.107.45.167
```

查询指定域名的 MX 邮件类型记录所对应的 IP 地址信息：

```
[root@linuxcool ~]# host -t MX linuxcool.com
linuxcool.com mail is handled by 20 mail.linuxcool.com.
linuxcool.com mail is handled by 10 mail.linuxcool.com
```

172 traceroute 命令：追踪网络数据包的传输路径

traceroute 命令来自英文词组 trace router 的拼写，其功能是追踪网络数据包的传输路径。执行 tracerouter 命令后会默认发送一个 40 字节大小的数据包到远程目标主机，从远程目标主机的反馈信息可以得知数据包经过了哪些路径最终到达终点。

语法格式：traceroute 参数 域名或 IP 地址

常用参数

-4	基于 IPv4 网络协议	-p	设置 UDP 传输协议的通信端口
-6	基于 IPv6 网络协议	-r	将数据包送到远端主机
-d	使用 Socket 层级的排错功能	-s	设置发出数据包的源 IP 地址
-f	设置数据包的 TTL	-t	设置检测数据包的 Tos
-F	设置勿离断位	-T	使用 TCP SYN 进行探测
-g	设置来源路由网关	-U	使用 UDP 到特定端口进行路由
-i	使用指定的网卡发送数据包	-v	显示执行过程详细信息
-I	使用 ICMP 回应取代 UDP 资料信息	-V	显示版本信息
-m	检测数据包的最大 TTL	-w	设置等待远端主机响应的时间
-n	使用 IP 地址而非主机名称	-x	开启或关闭数据包的正确性检验

参考示例

追踪本地数据包到指定网站经过的传输路径（默认）：

```
[root@linuxcool ~]# traceroute www.linuxprobe.com
```

追踪本地数据包到指定网站经过的传输路径，跳数最大为 7 次：

```
[root@linuxcool ~]# traceroute -m 7 www.linuxprobe.com
```

追踪本地数据包到指定网站经过的传输路径，显示 IP 地址而不是主机名：

```
[root@linuxcool ~]# traceroute -n www.linuxprobe.com
```

追踪本地数据包到指定网站经过的传输路径，探测包个数为 4 次：

```
[root@linuxcool ~]# traceroute -q 4 www.linuxprobe.com
```

追踪本地数据包到指定网站经过的传输路径，最长等待时间为 3 秒：

```
[root@linuxcool ~]# traceroute -w 3 www.linuxprobe.com
```

nice 命令：调整进程的优先级

nice 命令的功能是调整进程的优先级，以合理分配系统资源。工作在 Linux 系统后台的某些不重要的进程，例如用于定期备份数据、自动清理垃圾等的进程，我们都可以通过 nice 命令调低其执行优先级，把硬件资源留给更重要的进程。进程优先级的范围为-20~19，数字越小，优先级越高。

语法格式： nice 参数 命令或脚本名

常用参数

-g	匹配进程组 ID	-u	匹配用户 ID
-n	设置优先级	--help	显示帮助信息
-p	匹配进程 ID	--version	显示版本信息

参考示例

以优先级为 5 执行指定脚本：

```
[root@linuxcool ~]# nice -n -5 ./File.sh
```

以最高优先级执行指定脚本：

```
[root@linuxcool ~]# nice -n -20 ./File.sh
```

chkconfig 命令：管理服务程序

chkconfig 命令来自英文词组 check config 的缩写，其功能是管理服务程序。chkconfig 命令由红帽公司遵循 GPL 开源协议开发而成，能够用于日常管理服务程序的自启动开启、自启动关闭等工作。随着 RHEL 8/CentOS 8 版本系统的发布，该命令功能逐步被 systemctl 命令替代。

语法格式：chkconfig 参数 服务名

常用参数

off	不随开机自动运行	--help	显示帮助信息
on	随开机自动运行	--list	显示当前已有的全部服务列表
--add	将服务添加至管理列表	--short	使用简短格式输出信息
--del	将服务移除出管理列表	--version	显示版本信息

参考示例

列出当前系统中已有的全部服务名称：

```
[root@linuxcool ~]# chkconfig --list
```

将指定的服务加入开机自启动，重启后默认依然有效：

```
[root@linuxcool ~]# chkconfig telnet on
```

将指定的服务移除出开机自启动，重启后默认不会运行：

```
[root@linuxcool ~]# chkconfig telnet off
```

将指定名称的服务程序加入管理列表：

```
[root@linuxcool ~]# chkconfig --add httpd
```

将指定名称的服务程序移除出管理列表：

```
[root@linuxcool ~]# chkconfig --del httpd
```

175

pgrep 命令：检索进程 PID

pgrep 命令来自英文词组 process global regular expression print 的缩写，其功能是检索进程 PID。与 pidof 命令必须准确输入服务名称不同，pgrep 命令通过正则表达式进行检索，因此用户只需要输入服务名称的一部分即可进行搜索操作，在不记得服务程序的全名时特别好用。

语法格式：pgrep 参数 服务名称

常用参数

-d	设置号码之间的间隔符	-P	匹配父进程 ID
-f	匹配进程名	-t	匹配终端号
-g	匹配进程组 ID	-u	匹配有效用户 ID
-h	显示帮助信息	-v	反选结果，显示不符合条件的结果
-I	显示进程名及 ID	-V	显示版本信息
-n	选择最近执行的进程	-x	显示完全符合条件的结果
-o	选择最早执行的进程		

参考示例

检索某名称服务所对应的 PID 信息：

```
[root@linuxcool ~]# pgrep sshd
1709
97535
97549
```

以逗号为间隔符，检索某名称服务所对应的 PID 信息：

```
[root@linuxcool ~]# pgrep -d , sshd
1709,97535,97549
```

指定发起人名称，检索某名称服务所对应的 PID 信息：

```
[root@linuxcool ~]# pgrep -u www sshd
[root@linuxcool ~]# pgrep -u root sshd
1709
97535
97549
```

watch 命令：周期性执行任务命令

watch 命令的功能是周期性执行任务命令。watch 命令会以周期性的方式执行指定命令，例如每隔几秒钟、几分钟执行一次，并持续关注命令的运行结果，以免运维人员一遍一遍地手动运行。

语法格式：watch 参数 任务命令

常用参数

-b	任务命令失败时发出警报声	-h	显示帮助信息
-d	高亮显示变化内容	-n	设置间隔时间
-e	任务命令错误时停止更新	-t	不显示顶部的格式
-g	任务命令变化时停止更新	-v	显示版本信息

参考示例

设定每间隔 1s 执行一次指定命令，用于监视系统负载情况：

```
[root@linuxcool ~]# watch -n 1 uptime
```

默认每间隔 2s 执行一次指定命令，用于监视网络链接情况：

```
[root@linuxcool ~]# watch "netstat -ant"
```

默认每间隔 2s 执行一次指定命令，用于监视磁盘使用情况，并高亮显示变化信息：

```
[root@linuxcool ~]# watch -d "df -h"
```

设定每间隔 2min 执行一次指定命令，用于观察文件内容变化情况：

```
[root@linuxcool ~]# watch -n 120 "cat File.cfg"
```

177

declare 命令：声明定义新的变量

declare 命令的功能是用于声明定义新的变量。使用 declare 命令创建的变量仅可在当前 shell 环境下起作用，切换 shell 环境后将无效。要想在其他 shell 环境下使用，需要将其提升为全局环境变量。

语法格式： declare +参数 –参数 变量名

参考示例

显示当前系统中已定义的全部变量信息：

```
[root@linuxcool ~]# declare
```

声明定义一个新的变量：

```
[root@linuxcool ~]# declare URL="www.linuxcool.com"
```

声明定义一个新的变量，其赋值来自运算表达式的结果：

```
[root@linuxcool ~]# declare -i NUM=100+200
```

分别查看两个变量所对应的定义信息：

```
[root@linuxcool ~]# declare -p URL NUM
declare -- URL="www.linuxcool.com"
declare -i NUM="300"
```

将指定的变量提升为全局环境变量：

```
[root@linuxcool ~]# declare -x URL
```

178

nl 命令：显示文件内容及行号

nl 命令来自英文词组 number of lines 的缩写，其功能是显示文件内容及行号。nl 命令具有类似于"cat -n 文件名"的效果，除此之外，还可以对显示的行号格式进行深度定制。

语法格式：nl 参数 文件名

常用参数

-b	设置行号的指定方式	-p	在逻辑定界符处不重新开始计算
-f	设置页脚行数	-s	在行号后添加字符串
-h	设置页眉行数	-w	设置行号栏位的占用位数
-i	设置自动递增值	--help	显示帮助信息
-l	设置将 N 个空行视为一行	--version	显示版本信息
-n	显示行号表示的方式		

参考示例

显示指定文件的内容及行号信息：

```
[root@linuxcool ~]# nl File.cfg
     1  #version=RHEL8
     2  ignoredisk --only-use=sda
     3  autopart --type=lvm
………………省略部分输出信息………………
```

显示指定文件的内容及行号信息，空行也加上行号：

```
[root@linuxcool ~]# nl -b a File.cfg
     1  #version=RHEL8
     2  ignoredisk --only-use=sda
     3  autopart --type=lvm
………………省略部分输出信息………………
```

空行也算一行，并且行号前面自动补 0，统一输出格式后显示指定文件的内容及行号信息：

```
[root@linuxcool ~]# nl -b a -n rz File.cfg
     000001      #version=RHEL8
     000002      ignoredisk --only-use=sda
     000003      autopart --type=lvm
………………省略部分输出信息……………
```

iptraf 命令：实时监视网卡流量

iptraf 命令来自英文词组 IP traffic monitor 的缩写，其功能是实时监视网卡流量。iptraf 命令可以用来监视本地网络状况，能够生成网络协议数据包信息、以太网信息、网络节点状态及 IP 校验和错误等重要信息。

语法格式：iptraf 参数 网卡名称

常用参数

-B	将程序作为后台进程运行	-l	监视局域网工作站信息
-d	监视网络流量明细信息	-L	设置日志文件
-f	清空所有计数器	-s	开始监视 TCP 和 UDP 网络流量信息
-g	生成网络接口状态的概要信息	-t	设置命令监视的时间
-h	显示帮助信息	-u	允许使用不受支持的接口做网卡设备
-i	开启 IP 流量监视	-z	在指定网络接口上显示包计数
-I	设置间隔时间		

参考示例

实时监视指定网卡的详细流量状态信息：

```
[root@linuxcool ~]# iptraf -d eth0
```

实时监视指定网卡的 IP 流量信息：

```
[root@linuxcool ~]# iptraf -i eth0
```

实时监视指定网卡上的 TCP/UDP 网络流量信息：

```
[root@linuxcool ~]# iptraf -s eth0
```

180

extundelete 命令：文件恢复工具

extundelete 命令的功能是恢复文件。extundelete 命令能够恢复分区中被意外删除的文件。在使用前需要先将要恢复的分区卸载，以防数据被意外覆盖。

经实测，extundelete 命令仅可恢复 EXT3 与 EXT4 格式的文件。

语法格式：extundelete 参数 文件或目录名

常用参数

--after	只恢复指定时间后被删除的文件	--journal	显示分区的日志信息
--before	只恢复指定时间前被删除的文件	--superblock	显示分区的超级块信息
--help	显示帮助信息	--version	显示版本信息

参考示例

恢复指定分区中的全部文件：

```
[root@linuxcool ~]# extundelete /dev/sdb --restore-all
```

恢复指定分区中的指定文件：

```
[root@linuxcool ~]# extundelete /dev/sdb --restore-file File.img
```

恢复指定分区中的指定目录：

```
[root@linuxcool ~]# extundelete /dev/sdb --restore-directory /Dir
```

181

vnstat 命令：查看网卡流量使用情况

vnstat 命令的功能是查看网卡流量的使用情况，是一个基于控制台的网络流量监控器。vnstat 命令能够以每小时、每天、每月的时间跨度查看 Linux 系统中网卡流量的使用情况。由于 vnstat 命令读取的是 proc 目录内系统记录的流量信息，因此即便运维人员没有 root 管理员身份，也可以用该命令查看系统流量的统计情况。

语法格式：vnstat 参数 对象

常用参数

-d	按天	-s	简要信息模式
-h	按小时	-tr	计算流量
-i	指定网卡	-u	更新数据库
-l	实时流量	-v	显示版本信息
-m	按月份	-w	按周
-q	查询数据	-?	显示帮助信息
-ru	交换速率	-s	简要信息模式

参考示例

查询指定网卡的流量使用情况：

```
[root@linuxcool ~]# vnstat -i eth0
```

更新数据库后查看今天的流量使用情况：

```
[root@linuxcool ~]# vnstat -d
```

更新数据库后查看本月的流量使用情况：

```
[root@linuxcool ~]# vnstat -m
```

查看当前实时流量情况：

```
[root@linuxcool ~]# vnstat -l
```

217

pidof 命令：查找服务进程的 PID

pidof 命令来自英文词组 process identifier of 的缩写，其功能是查找服务进程的 PID。在没有 pidof 命令之前，Linux 系统运维人员要想获知一个服务进程的 PID，只得先用 ps 命令遍历整个系统的进程状态，再使用 grep 命令进行查找，不仅操作复杂而且效率也低。现在只需要在 pidof 命令后加上想查询的服务名称，就会查找到具体信息。

语法格式： pidof 参数 服务名

常用参数

-c	仅显示同一根目录的进程 PID	-s	仅显示一个进程 PID
-o	忽略指定 PID 的进程	-x	显示指定运行脚本的进程 PID

参考示例

查找某个指定服务所对应的进程 PID：

```
[root@linuxcool ~]# pidof sshd
7518
```

查找多个指定服务所对应的进程 PID：

```
[root@linuxcool ~]# pidof sshd crond
7518 2443
```

vmstat 命令：监视系统资源状态

vmstat 命令来自英文词组 virtual memory statistics 的缩写，其功能是监视系统资源状态。可以使用 vmstat 查看系统中关于进程、内存、硬盘等资源的运行状态，但无法深入分析。vmstat 命令是一款轻量级的性能查看工具，不会给系统带来什么负担。

语法格式：vmstat 参数 对象

常用参数

-a	显示内存状态	-n	设置头信息仅显示一次
-d	显示磁盘状态	-p	显示指定硬盘分区状态
-D	显示磁盘活动报告	-s	以表格形式显示资源状态
-f	显示进程总数	-S	设置显示信息的单位
-h	显示帮助信息	-t	显示时间戳
-m	显示内存分配信息	-V	显示版本信息

参考示例

显示系统整体的资源状态：

```
[root@linuxcool ~]# vmstat -a
procs -----------memory---------- ---swap-- -----io---- -system-- ------cpu-----
 r  b  swpd   free  inact active   si  so  bi   bo  in cs us sy id wa st
 0  0  1804  91972 446044 770848    0   0 103    7  54 45  1  1 99  0  0
```

显示自系统启动后创建的进程总数：

```
[root@linuxcool ~]# vmstat -f
     3017 forks
```

显示指定的硬盘分区状态：

```
[root@linuxcool ~]# vmstat -p /dev/sda1
sda1          reads        read sectors    writes  requested writes
              1876            14646            3         4096
```

显示内存分配机制信息（SLAB）：

```
[root@linuxcool ~]# vmstat -m
Cache              Num    Total   Size   Pages
fuse_request        40     40     400     40
fuse_inode          39     39     832     39
nf_conntrack       255    255     320     51
AF_VSOCK            40     40    1600     20
rpc_inode_cache     46     46     704     46
isofs_inode_cache  138    138     704     46
xfs_dqtrx            0      0     528     62
…………………省略部分输出信息…………………
```

以表格形式显示事件计数器和内存状态：

```
[root@linuxcool ~]# vmstat -s
      2013304 K total memory
      1400608 K used memory
       774252 K active memory
       409036 K inactive memory
       114132 K free memory
         2156 K buffer memory
       496408 K swap cache
      2097148 K total swap
………………省略部分输出信息………………
```

设置每间隔 1s 刷新显示一次系统整体状态信息：

```
[root@linuxcool ~]# vmstat 1
procs -----------memory---------- ---swap-- -----io---- -system-- ------cpu-----
 r  b   swpd   free   buff  cache   si   so    bi    bo   in   cs us sy id wa st
 0  0   3852 125000 2156 496420    0    0    61     5   44   40  0  1 99  0  0
 0  0   3852 124908 2156 496420    0    0     0     2  787  673  1  2 98  0  0
 0  0   3852 124908 2156 496420    0    0     0     0 1282 1038  1  2 97  0  0
 0  0   3852 124908 2156 496420    0    0     0     0 1455 1230  1  3 96  0  0
^C
[root@linuxcool ~]#
```

184

type 命令：查看命令类型

type 命令的功能是查看命令类型。如需区分某个命令是 shell 内部指令还是外部命令，则可以使用 type 命令进行查看。

语法格式：type 参数 命令名称

常用类型：

builtin	内部指令	keyword	关键字
file	文件	alias	别名
function	函数	unfound	没有找到

参考示例

查看某指定别名命令的类型信息：

```
[root@linuxcool ~]# type ls
ls is aliased to `ls --color=auto'
```

查看某指定 shell 内部指令的类型信息：

```
[root@linuxcool ~]# type cd
cd is a shell builtin
```

查看某指定关键字的类型信息：

```
[root@linuxcool ~]# type if
if is a shell keyword
```

iostat 命令：监视系统 I/O 设备使用情况

iostat 命令来自英文词组 I/O stat 的缩写，其功能是监视系统 I/O 设备的使用情况。iostat 命令能够查看硬盘活动的统计情况，也能显示 CPU 的使用情况，可帮助 Linux 系统运维人员进行系统调优。

语法格式：iostat 参数 设备名

常用参数

-c	显示 CPU 使用情况	-p	显示块设备和分区的状态
-d	显示设备利用率	-t	显示报告产生时的时间
-h	使用 NFS（网络文件系统）来输出报告	-V	显示版本及帮助信息
-k	以千字节每秒为单位	-x	设置要统计磁盘设备的扩展参数
-m	以兆字节每秒为单位	-y	跳过不显示第一次报告的数据
-N	显示 LVM（逻辑卷管理器）设备信息		

参考示例

每隔 2s 报告一次系统硬盘的使用情况：

```
[root@linuxcool ~]# iostat -d 2
Linux 4.18.0-448.el8.x86_64 (linuxcool.com) 02/19/2023 _x86_64_ (4 CPU)
Device          tps    kB_read/s    kB_wrtn/s      kB_read      kB_wrtn
vda             9.76       26.08       127.99     26262085    128898357
Device          tps    kB_read/s    kB_wrtn/s      kB_read      kB_wrtn
Vda             0.00        0.00         0.00            0            0
Device          tps    kB_read/s    kB_wrtn/s      kB_read      kB_wrtn
Vda             6.50        0.00        72.50            0          145
Device          tps    kB_read/s    kB_wrtn/s      kB_read      kB_wrtn
Vda             1.50        0.00         3.00            0            6
……………省略部分输出信息………………
```

每隔 2s 报告一次系统全部硬盘的使用情况，总共报告 6 次：

```
[root@linuxcool ~]# iostat -d 2 6
```

每隔 2s 报告一次指定硬盘的使用情况，总共报告 6 次：

```
[root@linuxcool ~]# iostat -x vda -d 2 6
```

zenity 命令：显示图形框

zenity 命令的功能是显示图形框，可允许运维人员调用各种 shell 终端的弹窗信息，以查看日历、消息，亦可以让用户输入信息或密码进行保存。Zenity 命令的玩法很多，可根据需求进行深度开发。

语法格式：zenity 参数 对象

常用参数

--about	显示对话信息	--info	显示信息对话框
--calendar	显示快速日历框	--password	显示密码对话框
--error	显示错误对话框	--progress	显示进度栏
--entry	显示一般文本输入对话框	--question	显示问题对话框
--forms	显示窗体对话框		

参考示例

显示日历框：

```
[root@linuxcool ~]# zenity --calendar
```

弹框显示进度栏：

```
[root@linuxcool ~]# zenity --progress
```

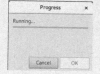

显示密码框：

```
[root@linuxcool ~]# zenity --password
```

187

jobs 命令：显示终端后台的作业信息

jobs 命令的功能是显示终端后台的作业信息。可以使用 jobs 命令查看当前系统中终端后台的任务列表及其运行状态，查看任务列表及对应的进程 ID，简单方便地了解当前有哪些工作正在后台运行。

语法格式：jobs 参数

常用参数

-l	显示作业列表及进程 ID	-r	仅显示运行的作业
-n	仅显示状态发生变化的作业	-s	仅显示暂停的作业
-p	仅显示其对应的进程 ID	-x	替代原有作业的进程 ID

参考示例

显示当前后台的作业列表：

```
[root@linuxcool ~]# jobs
```

显示当前后台的作业列表及进程 ID：

```
[root@linuxcool ~]# jobs -l
```

仅显示运行的后台作业：

```
[root@linuxcool ~]# jobs -r
```

仅显示已暂停的后台作业：

```
[root@linuxcool ~]# jobs -s
```

仅显示上次执行 jobs 命令后状态发生变化的后台作业：

```
[root@linuxcool ~]# jobs -n
```

lscpu 命令：显示 CPU 架构信息

lscpu 命令来自英文词组 list the CPU architecture 的缩写，其功能是显示 CPU 架构信息。lscpu 命令会从/proc/cpuinfo 文件中收集有关本机 CPU 架构的信息，并整理成易读的格式输出到 shell 终端，以方便运维人员了解本机 CPU 数量、架构、线程、核心、套接字等重要指标信息。

语法格式： lscpu 参数

常用参数

-a	显示全部的 CPU 信息	-p	使用可解析的格式
-b	仅显示在线 CPU 信息	-s	设置系统根目录
-c	仅显示离线 CPU 信息	-V	显示版本信息
-e	显示扩展的可读格式	-x	显示十六进制掩码而非 CPU 列表信息
-h	显示帮助信息	-y	显示物理 ID 而非逻辑 ID

参考示例

显示有关 CPU 架构的信息：

```
[root@linuxcool ~]# lscpu
Architecture:          x86_64
CPU op-mode(s):        32-bit, 64-bit
Byte Order:            Little Endian
CPU(s):                8
On-line CPU(s) list:   0-7
Thread(s) per core:    1
Core(s) per socket:    8
Socket(s):             1
NUMA node(s):          1
Vendor ID:             GenuineIntel
CPU family:            6
Model:                 158
Model name:            Intel(R) Core(TM) i5-9300H CPU @ 2.40GHz
Stepping:              10
CPU MHz:               2400.007
BogoMIPS:              4800.01
Hypervisor vendor:     VMware
Virtualization type:   full L1d cache: 32K
L1i cache:             32K
L2 cache:              256K
L3 cache:              8192K
NUMA node0 CPU(s):     0-7
Flags:                 fpu vme de pse tsc msr pae mce cx8 apic sep mtrr pge mca cmov pat pse36
clflush mmx fxsr sse sse2 ss ht syscall nx pdpe1gb rdtscp lm constant_tsc arch_ perfmon
nopl xtopology tsc_reliable nonstop_tsc cpuid pni pclmulqdq ssse3 fma cx16 pcid sse4_1
sse4_2 x2apic movbe popcnt aes xsave avx f16c rdrand hypervisor lahf_lm abm 3dnowprefetch
invpcid_single pti ssbd ibrs ibpb stibp fsgsbase tsc_adjust bmi1 avx2 smep bmi2 invpcid rdseed
adx smap clflushopt xsaveopt xsavec xgetbv1 xsaves arat flush_l1d arch_capabilities
```

swapon 命令：激活交换分区

swapon 命令的功能是激活交换（swap）分区。交换分区是一种在服务器物理内存不够的情况下，将内存中暂时不用的数据临时存放到硬盘空间的技术，目的是让物理内存一直保持高效，总是在处理重要数据（与 Windows 系统中 pagefile.sys 虚拟内存文件的作用一样）。

swapon 命令用于激活 Linux 系统中已存在的交换分区，让交换分区内存可以被立即使用，但要想永久生效，还是需要将挂载信息写入/etc/fstab 文件。

语法格式：swapon 参数 分区名

常用参数

-a	激活所有/etc/fstab 文件中的交换分区	-p	设置交换分区的优先顺序
-e	跳过不存在的分区	-s	显示交换分区的使用情况
-f	重新初始化整个分区	-U	指定要启动分区的 UUID
-h	显示帮助信息	-v	显示执行过程详细信息
-L	指定要启动分区的 LABEL	-V	显示版本信息

参考示例

查看已有的指定交换分区的信息：

```
[root@linuxcool ~]# swapon -v /dev/mapper/rhel-swap
swapon: /dev/mapper/rhel-swap: found signature [pagesize=4096, signature=swap]
swapon: /dev/mapper/rhel-swap: pagesize=4096, swapsize=2147483648, devsize=2147483648
swapon /dev/mapper/rhel-swap
```

查看当前已有交换分区的使用情况：

```
[root@linuxcool ~]# swapon -s
Filename                Type        Size        Used        Priority
/dev/dm-1               partition   2097148     1804        -2
```

对指定的交换分区设置优先顺序：

```
[root@linuxcool ~]# swapon -p 3 /dev/dm-1
```

立即激活所有/etc/fstab 文件中定义过的交换分区：

```
[root@linuxcool ~]# swapon -a
```

paste 命令：合并两个文件

paste 命令的功能是合并两个文件。paste 命令能够将两个文件以列对列的方式进行合并（相当于是把两个不同文件的内容粘贴到了一起），形成新的文件。如需先将内容合并成一行，再以行粘贴的方式合并，可以使用-s 参数搞定。

语法格式：paste 参数 文件名 1 文件名 2

常用参数

-d	设置自定义的间隔符	- -	从标准输入中读取数据
-s	将每个文件粘贴成一行		

参考示例

现有两个文件（File1 和 File2），对其进行合并操作：

```
[root@linuxcool ~]# cat File1
aaa
bbb
ccc
ddd
eee
[root@linuxcool ~]# cat File2
AAA
BBB
CCC
DDD
EEE
[root@linuxcool ~]# paste File1 File2
aaa        AAA
bbb        BBB
ccc        CCC
ddd        DDD
eee        EEE
```

设置合并后内容的分隔符，再进行合并操作：

```
[root@linuxcool ~]# paste -d: File1 File2
aaa: AAA
bbb: BBB
ccc: CCC
ddd: DDD
eee: EEE
```

设置每个文件内容为一行，再进行合并操作：

```
[root@linuxcool ~]# paste -s File1 File2
aaa        bbb        ccc        ddd        eee
AAA        BBB        CCC        DDD        EEE
```

restorecon 命令：恢复文件安全上下文

restorecon 命令来自英文词组 restore config 的缩写，其功能是恢复文件安全上下文。安全上下文是 SELinux 安全子系统中重要的安全控制策略。在 Linux 系统中一切都是文件，而 SELinux 安全子系统中则一切都是对象，所有的文件、系统端口和进程都具备安全上下文策略。

一般情况下，使用 cp 命令对文件进行复制操作后，新的文件不会保留原始属性（除非加了-p 参数），此时需要使用 restorecon 命令恢复新文件的安全上下文。此外，使用 semanage 命令对文件的安全上下文策略进行修改后，如果想让新的安全上下文生效，也需要用到 restorecon 命令。

语法格式： restorecon 参数 文件或目录名

常用参数

-e	设置要排除的目录	-n	不改变文件标签
-f	设置要处理的文件	-o	将设置失败的文件名列表写入到文件
-F	强制恢复文件安全策略而不询问	-R	递归处理所有子文件
-i	忽略不存在的文件	-v	显示执行过程详细信息

参考示例

恢复指定文件的安全上下文，并显示过程信息：

```
[root@linuxcool ~]# restorecon -v /Dir/File.txt
Relabeled /Dir/File.txt from unconfined_u:object_r:user_home_dir_t:s0 to
unconfined_u:object_r:httpd_sys_content_t:s0
```

恢复指定目录的安全上下文：

```
[root@linuxcool ~]# restorecon -R /Dir
Relabeled /Dir from unconfined_u:object_r:user_home_dir_t:s0 to
unconfined_u:object_r:httpd_sys_content_t:s0
```

semanage 命令：查询与修改安全上下文

semanage 命令来自英文词组 SELinux manage 的缩写，其功能是查询与修改安全上下文。semanage 的功能类似于 chcon 命令，它们都可以用于设置文件的 SELinux 安全上下文策略，但 semanage 命令的功能更强大一些，还能够对系统端口、进程等 SELinux 域策略进行查询和修改，因此更推荐使用。

设置过安全上下文后需要使用 restorecon 命令让新设置立即生效。

语法格式：semanage 参数 对象

常用参数

-a	增加	-l	查询
-d	删除	-m	修改
-t	名称		

参考示例

对指定目录和文件添加新的 SELinux 安全上下文：

```
[root@linuxcool ~]# semanage fcontext -a -t httpd_sys_content_t /Dir/wwwroot
[root@linuxcool ~]# semanage fcontext -a -t httpd_sys_content_t /Dir/wwwroot/*
```

查询指定服务所对应的 SELinux 域允许端口列表：

```
[root@linuxcool ~]# semanage port -l | grep http
http_cache_port_t           tcp        8080, 8118, 8123, 10001-10010
http_cache_port_t           udp        3130
http_port_t                 tcp        80, 81, 443, 488, 8008, 8009, 8443, 9000
pegasus_http_port_t         tcp        5988
pegasus_https_port_t        tcp        5989
```

对指定服务所对应的 SELinux 域允许端口列表添加新的值：

```
[root@linuxcool ~]# semanage port -a -t http_port_t -p tcp 6111
```

poweroff 命令：关闭操作系统

poweroff 命令的功能是关闭操作系统。很多读者会着迷于对比 poweroff、halt、shutdown、init 0 等命令之间的区别，它们其实都是 Linux 系统中的关机命令，体验上没有区别，更多地是依据个人喜好来选择的。

语法格式：poweroff 参数

常用参数

-d	关机时不写入任何信息到日志文件	-n	关机时不执行同步操作
-f	强制关闭操作系统而不询问	-w	模拟关机操作并记录过程到日志文件
-h	关机前将所有硬件设置为备用模式	--help	显示帮助信息
-i	关机前先关闭所有的网卡		

参考示例

关闭操作系统：

```
[root@linuxcool ~]# poweroff
```

模拟关机操作并记录过程到日志文件（没有真正关机）：

```
[root@linuxcool ~]# poweroff -w
```

将所有的硬件设置为备用模式，并关闭操作系统：

```
[root@linuxcool ~]# poweroff -h
```

blkid 命令：显示块设备信息

blkid 命令来自英文词组 block ID 的缩写，其功能是显示块设备信息。blkid 命令能够查看 Linux 系统中全部的块设备（也就是我们俗称的硬盘或光盘设备）信息，并可以依据块设备名称、文件系统类型、硬盘卷标、UUID 等进行信息检索。

语法格式：blkid 参数 块设备名

常用参数

-g	显示缓存信息	-p	切换至低级超级块探测模式
-i	显示 I/O 限制信息	-U	显示 UUID 对应的分区信息
-L	显示卷标对应的分区信息	-v	显示版本信息
-s	设置匹配类型	-o	设置输出类型

参考示例

显示当前系统中全部的块设备信息（名称、UUID、文件系统类型等）：

```
[root@linuxcool ~]# blkid
/dev/sda1: UUID="ea96959d-6fb2-4680-984e-53a1288cb21a" TYPE="xfs" PARTUUID="e2147da7-01"
/dev/sda2: UUID="UkZsuT-AEZL-01Js-71NH-qHfL-2ELp-N9wklL" TYPE="LVM2_member"
PARTUUID="e2147da7-02"
/dev/sr0: UUID="2019-04-04-08-40-23-00" LABEL="RHEL-8-0-0-BaseOS-x86_64"
TYPE="iso9660" PTUUID="0da1aba4" PTTYPE="dos"
/dev/mapper/rhel-root: UUID="6204eca9-58b0-440c-b79c-498b7f64c920" TYPE="xfs"
/dev/mapper/rhel-swap: UUID="b02544bb-a3b8-4030-92c9-b2355dd29383" TYPE="swap"
```

显示指定块设备所对应的 UUID 信息：

```
[root@linuxcool ~]# blkid -s UUID /dev/sda1
/dev/sda1: UUID="ea96959d-6fb2-4680-984e-53a1288cb21a"
```

以列表方式显示当前系统中全部块设备信息：

```
[root@linuxcool ~]# blkid -o list
Device          fs_type label      mount point          UUID
-------------------------------------------------------------------------------
/dev/sda1       xfs                /boot                ea96959d-6fb2-4680-984e-53a1288cb21a
/dev/sda2       LVM2_member        (in use)             UkZsuT-AEZL-01Js-71NH-qHfL-2ELp-N9wklL
/dev/sr0        iso9660 RHEL-8-0-0-BaseOS-x86_64 /media/cdrom 2019-04-04-08-40-23-00
/dev/mapper/rhel-root xfs          /                    6204eca9-58b0-440c-b79c-498b7f64c920
/dev/mapper/rhel-swap swap         [SWAP]               b02544bb-a3b8-4030-92c9-b2355dd29383
```

显示系统中所有块设备的名称信息：

```
[root@linuxcool ~]# blkid -o device
```

```
/dev/sda1
/dev/sda2
/dev/sr0
/dev/mapper/rhel-root
/dev/mapper/rhel-swap
```

显示系统中所有块设备的文件系统类型信息：

```
[root@linuxcool ~]# blkid -s TYPE
/dev/sda1: TYPE="xfs"
/dev/sda2: TYPE="LVM2_member"
/dev/sr0: TYPE="iso9660"
/dev/mapper/rhel-root: TYPE="xfs"
/dev/mapper/rhel-swap: TYPE="swap"
```

显示系统中所有块设备的 LABEL 信息：

```
[root@linuxcool ~]# blkid -s LABEL
/dev/sr0: LABEL="RHEL-8-0-0-BaseOS-x86_64"
```

195

dmesg 命令：显示开机过程信息

dmesg 命令来自英文词组 display message 的缩写，其功能是显示开机过程信息。Linux 系统内核会将开机过程信息存储在环形缓冲区（ring buffer）中，随后再写入/var/log/dmesg 文件。如果开机时来不及查看这些信息，则可以利用 dmesg 命令进行调取。

语法格式：dmesg 参数

常用参数

-c	清空环形缓冲区中的内容	-r	显示原生消息缓冲区信息
-d	显示信息时间差	-s	设置环形缓冲区的大小
-D	禁止向终端输出信息	-t	不显示消息时间戳
-E	启用向终端输出信息	-T	显示易读的时间戳格式
-H	以更易读的格式输出信息	-u	显示用户空间消息
-k	显示内核信息	-w	等待新消息
-l	设置输出级别	--help	显示帮助信息
-L	显示彩色信息	--version	显示版本信息
-n	设置记录信息的层级		

参考示例

显示全部的系统开机过程信息：

```
[root@linuxcool ~]# dmesg
```

显示与指定硬盘设备相关的开机过程信息：

```
[root@linuxcool ~]# dmesg | grep sda
[    5.065202] sd 2:0:0:0: [sda] 41943040 512-byte logical blocks: (21.5 GB/20.0 GiB)
[    5.065253] sd 2:0:0:0: [sda] Write Protect is off
[    5.065255] sd 2:0:0:0: [sda] Mode Sense: 00 3a 00 00
………………省略部分输出信息………………
```

显示与内存相关的开机过程信息：

```
[root@linuxcool ~]# dmesg | grep memory
[    0.000000] Base memory trampoline at [(____ptrval____)] 98000 size 24576
[    0.000000] Early memory node ranges
[    0.000000] PM: Registered nosave memory: [mem 0x00000000-0x00000fff]
[    0.000000] PM: Registered nosave memory: [mem 0x0009e000-0x0009efff]
[    0.000000] PM: Registered nosave memory: [mem 0x0009f000-0x0009ffff]
[    0.000000] PM: Registered nosave memory: [mem 0x000a0000-0x000dbfff]
………………省略部分输出信息………………
```

清空环形缓冲区中已有的日志内容：

```
[root@linuxcool ~]# dmesg -c
```

233

196

hwclock 命令：显示与设置系统硬件时钟

hwclock 命令来自英文词组 hardware clock 的缩写，其功能是显示与设置系统硬件时钟。hwclock 是一个硬件时钟管理工具，可以用于显示当前时间、设置系统硬件时钟与系统时钟的同步。

系统硬件时钟是指电脑主板上的时钟信息，通常会被写入 BIOS，而系统时钟则是指内核中的时钟信息。Linux 系统在启动时会由内核读取系统硬件时钟的信息，随后系统时钟便独立运作，Linux 相关函数及指令都会依据该时间工作。

语法格式：hwclock 参数 对象

参数	说明	参数	说明
--adjust	根据先前记录评估时钟偏差值	--rtc	设置默认配置文件
--compare	将系统时钟与系统硬件时钟比较	--set-date	设置系统硬件时钟
--debug	使用调试模式	--show	显示系统硬件时钟
--directisa	直接通过 I/O 指令存取硬件时钟	--systohc	同步系统硬件时钟到系统时钟
--epoch	设置系统硬件时钟时代开始的年份	--test	测试系统硬件时钟
--hctosys	同步系统时钟到系统硬件时钟	--utc	使用格林尼治时间
--localtime	设置系统硬件时钟保持为本地时间	--version	显示版本信息

参考示例

显示当前系统硬件时钟：

```
[root@linuxcool ~]# hwclock
2023-03-29 15:40:55.522990+08:00
```

同步系统硬件时钟与系统时钟：

```
[root@linuxcool ~]# hwclock --systohc
```

显示系统硬件时钟及版本信息：

```
[root@linuxcool ~]# hwclock --version
hwclock from util-linux 2.32.1
System Time: 1680075709.819263
Trying to open: /dev/rtc0 Using the rtc interface to the clock.
Last drift adjustment done at 0 seconds after 1969
Last calibration done at 0 seconds after 1969
Hardware clock is on UTC time
Assuming hardware clock is kept in UTC time.
Waiting for clock tick...
...got clock tick
Time read from Hardware Clock: 2023/03/29 07:41:50
Hw clock time : 2023/03/29 07:41:50 = 1680075710 seconds since 1969
Time since last adjustment is 1680075710 seconds
Calculated Hardware Clock drift is 0.000000 seconds
2023-03-29 15:41:49.959847+08:00
```

shift 命令：向左移动参数

shift 命令的功能是向左移动参数。Linux 命令能够一次性接收多个参数，可能是 0 个、5 个，也可能是 15 个，那么该如何逐一处理这些参数呢?

shift 能够将命令接收到的参数逐个向左移动一位，即原本的$3 变量会覆盖$2 变量，原本的$2 变量会覆盖$1 变量，这样我们只需每执行一次 shift 命令后调用一次$1 变量，就能够实现对全部参数的处理工作了。

语法格式：shift 参数

常用参数

数字	向左移动的个数

参考示例

编写一个脚本，逐一输出在执行 shift 命令后的$1 变量的值，直至清空全部参数:

```
[root@linuxcool ~]# cat File.sh
#!/bin/bash
while [ $# != 0 ] ; do
        echo "$1"
        shift
done
[root@linuxcool ~]# ./File.sh AA BB CC DD
AA
BB
CC
DD
```

将参数向左移动 2 位:

```
[root@linuxcool ~]# cat File.sh
#!/bin/bash
while [ $# != 0 ] ; do
        echo "$1"
        shift 2
done
[root@linuxcool ~]# ./File.sh AA BB CC DD
AA
CC
```

sysctl 命令：配置系统内核参数

sysctl 命令来自英文词组 system control 的缩写，其功能是配置系统内核参数。sysctl 命令能够在 Linux 系统运行时动态地配置系统内核参数，包含 TCP/IP 堆栈和虚拟内存系统等选项，可让有经验的系统管理员更好地优化整台服务器性能，但请注意，配置结果仅在当前生效，系统重启后参数将恢复到初始状态，要想永久生效，则需要将参数写入 /etc/sysctl.conf 系统文件。

语法格式：sysctl 参数 对象

常用参数

-a	显示所有可用的内核参数变量和值	-n	输出不带关键词的结果
-e	忽略未知关键字错误	-p	从系统文件中加载内核参数
-h	显示帮助信息	-v	显示版本信息

参考示例

查看系统中所有内核参数变量和值：

```
[root@linuxcool ~]# sysctl -a
abi.vsyscall32 = 1
crypto.fips_enabled = 0
debug.exception-trace = 1
debug.kprobes-optimization = 1
dev.cdrom.autoclose = 1
dev.cdrom.autoeject = 0
dev.cdrom.check_media = 0
dev.cdrom.debug = 0
………………省略部分输出信息………………
```

读取一个指定系统内核参数变量的值：

```
[root@linuxcool ~]# sysctl dev.cdrom.debug
dev.cdrom.debug = 0
```

修改一个指定系统内核参数变量的值：

```
[root@linuxcool ~]# sysctl dev.cdrom.debug=1
dev.cdrom.debug = 1
```

199

dig 命令：查询域名 DNS 信息

dig 命令来自英文词组 domain information groper 的缩写，其功能是查询域名 DNS 信息。dig 命令能够便捷地查询指定域名所对应的 DNS 服务器信息，具有灵活性好易用、输出清晰等特点，与 nslookup 命令很相似。

语法格式：dig 参数 域名或 IP 地址

常用参数

@	设置域名服务器	-h	显示帮助信息
-4	基于 IPv4 网络协议	-k	指定 TSIG 密钥文件
-6	基于 IPv6 网络协议	-p	设置域名服务器所使用的端口号
-b	设置发起请求的本机 IP 地址	-t	设置要查询的 DNS 数据的类型
-f	使用批处理模式	-x	执行反向域名查询

参考示例

查询指定域名所对应的 DNS 信息：

```
[root@linuxcool ~]# dig www.linuxcool.com
; <<>> DiG 9.11.36-RedHat-9.11.36-5.el8_7.2 <<>> www.linuxcool.com
;; global options: +cmd
;; Got answer:
;; ->>HEADER<<- opcode: QUERY, status: NOERROR, id: 46189
;; flags: qr rd ra; QUERY: 1, ANSWER: 1, AUTHORITY: 0, ADDITIONAL: 0
```

查询指定 IP 地址所对应的域名信息（反向查询）：

```
[root@linuxcool ~]# dig -x 39.98.160.175
; <<>> DiG 9.11.36-RedHat-9.11.36-5.el8_7.2 <<>> -x 39.98.160.175
;; global options: +cmd
;; Got answer:
;; ->>HEADER<<- opcode: QUERY, status: NXDOMAIN, id: 10286
;; flags: qr rd ra; QUERY: 1, ANSWER: 0, AUTHORITY: 1, ADDITIONAL: 0
```

指定要查询的数据类型（邮件），查询指定域名所对应的 DNS 信息：

```
[root@linuxcool ~]# dig -t MX linuxcool.com
; <<>> DiG 9.11.36-RedHat-9.11.36-5.el8_7.2 <<>> -t MX linuxcool.com
;; global options: +cmd
;; Got answer:
;; ->>HEADER<<- opcode: QUERY, status: NOERROR, id: 63164
;; flags: qr rd ra; QUERY: 1, ANSWER: 2, AUTHORITY: 0, ADDITIONAL: 0

;; QUESTION SECTION:
;linuxcool.com.                    IN        MX
```

sar 命令：统计系统运行状态

sar 命令来自英文词组 system activity reporter 的缩写，其功能是统计系统的运行状态。可以使用 sar 命令对 Linux 系统进行取样，且大量的取样数据和分析结果会实时存入文件中，因此不会消耗太多的内存和额外的系统资源。

语法格式：sar 参数

常用参数

-A	显示全部报告信息	-i	设置刷新间隔时间
-b	显示 I/O 速率信息	-P	显示每个 CPU 状态
-c	显示进程创建活动	-R	显示内存状态
-d	显示块设备的状态	-u	显示 CPU 利用率
-e	设置显示结束时间	-w	显示交换分区状态
-f	从文件中读取报告	-x	显示指定进程状态

参考示例

统计 CPU 设备的负载信息，每次间隔 2s，共 3 次：

```
[root@linuxcool ~]# sar -u 2 3
Linux 4.18.0-448.el8.x86_64 (linuxcool.com)    04/10/2023    _x86_64_    (4 CPU)
06:47:16 PM    CPU    %user    %nice    %system    %iowait    %steal    %idle
06:47:18 PM    all    10.57    0.00     1.51       0.00       0.00      87.92
06:47:20 PM    all    6.02     0.00     1.63       0.13       0.00      92.23
06:47:22 PM    all    4.39     0.00     1.13       0.00       0.00      94.49
Average:       all    6.98     0.00     1.42       0.04       0.00      91.55
```

统计硬盘设备的读写信息，每次间隔 2s，共 3 次：

```
[root@linuxcool ~]# sar -d 2 3
Linux 4.18.0-448.el8.x86_64 (linuxcool.com)    04/10/2023    _x86_64_   (4 CPU)
06:47:52PM    DEV       tps     rkB/s    wkB/s    areq-sz    aqu-sz    await    svctm    %util
06:47:54 PM   dev253-0  234.50  1828.00  2.00     7.80       0.16      0.68     0.18     4.25
06:47:56 PM   dev253-0  2.50    2.00     11.00    5.20       0.00      0.20     0.80     0.20
06:47:58 PM   dev253-0  5.00    2.00     65.50    13.50      0.00      0.30     0.50     0.25
Average:      dev253-0  80.67   610.67   26.17    7.89       0.05      0.66     0.19     1.57
```

统计内存设备的读写信息，每次间隔 2s，共 3 次：

```
[root@linuxcool ~]# sar -r 2 3
Linux 4.18.0-448.el8.x86_64 (linuxcool.com) 04/10/2023 _x86_64_ (4 CPU)
06:48:38 PM kbmemfree kbavail kbmemused %memused kbbuffers kbcached kbcommit%commit
kbactive kbinact kbdirty
06:48:40 PM 349824 3943104 7258540 95.40 0 3619024 5083080 31.78 3358888 3302992 120
06:48:42 PM 383252 3976544 7225112 94.96 0 3619032 5058504 31.62 3358896 3270216 216
06:48:44 PM 375124 3968432 7233240 95.07 0 3619048 5069348 31.69 3358896 3279036 216
Average:    369400 3962693 7238964 95.14 0 3619035 5070311 31.70 3358893 3284081 184
```

统计内存设备的分页使用情况，每次间隔5s，共3次：

```
[root@linuxcool ~]# sar -B 5 3
Linux 4.18.0-448.el8.x86_64 (linuxcool.com) 04/10/2023 _x86_64_ (4 CPU)
05:52:34 PM pgpgin/s pgpgout/s fault/s majflt/s pgfree/s pgscank/s pgscand/s
pgsteal/s %vmeff
05:52:39 PM  1.60 247.20 1289.00  0.40 7741.80  0.00  0.00  0.00  0.00
05:52:44 PM 51.20 168.40 1547.20  0.00 4627.40  0.00  0.00  0.00  0.00
05:52:49 PM 33.60 312.20  99.20  0.00 8066.60  0.00  0.00  0.00  0.00
Average:    28.80 242.60 978.47  0.13 6811.93  0.00  0.00  0.00  0.00
```

显示 CPU 利用率情况：

```
[root@linuxcool ~]# sar -u
Linux 4.18.0-448.el8.x86_64 (linuxcool.com)    04/10/2023    _x86_64_    (4 CPU)
12:00:42 AM    CPU    %user    %nice    %system    %iowait    %steal    %idle
12:10:42 AM    all    7.90    0.01    1.58    0.03    0.00    90.48
12:20:42 AM    all    8.13    0.00    1.66    0.03    0.00    90.18
12:30:42 AM    all    12.31   0.00    2.35    0.02    0.00    85.32
12:40:42 AM    all    14.96   0.00    2.56    0.02    0.00    82.46
12:50:42 AM    all    13.32   0.00    2.32    0.02    0.00    84.34
01:00:42 AM    all    7.97    0.00    1.50    0.02    0.00    90.51
…………………省略部分输出信息…………………
```

显示系统负载情况：

```
[root@linuxcool ~]# sar -q
Linux 4.18.0-448.el8.x86_64 (linuxcool.com)    04/10/2023    _x86_64_    (4 CPU)
12:00:42 AM    runq-sz    plist-sz    ldavg-1    ldavg-5    ldavg-15    blocked
12:10:42 AM    0    393    0.21    0.46    0.66    0
12:20:42 AM    0    392    0.57    0.50    0.58    0
12:30:42 AM    0    392    1.57    1.06    0.79    0
12:40:42 AM    0    392    0.90    0.79    0.73    0
12:50:42 AM    1    392    0.30    0.52    0.65    0
01:00:42 AM    0    390    0.43    0.44    0.55    0
…………………省略部分输出信息…………………
```

显示硬盘 I/O 和传输速率情况：

```
[root@linuxcool ~]# sar -b
Linux 4.18.0-448.el8.x86_64 (linuxcool.com)    04/10/2023    _x86_64_    (4 CPU)
12:00:42 AM    tps    rtps    wtps    bread/s    bwrtn/s
12:10:42 AM    14.05   7.84    6.21    318.24    181.13
12:20:42 AM    10.19   4.96    5.23    148.80    123.16
12:30:42 AM    7.14    1.35    5.78    81.15    152.31
12:40:42 AM    7.82    1.14    6.69    68.99    213.99
12:50:42 AM    8.87    2.11    6.76    84.03    212.71
01:00:42 AM    6.67    1.35    5.32    75.27    144.54
01:10:42 AM    9.48    4.13    5.35    63.05    144.38
…………………省略部分输出信息…………………
```

显示网卡和网络情况：

```
[root@linuxcool ~]# sar -n DEV
Linux 4.18.0-448.el8.x86_64 (linuxcool.com) 04/15/2023 _x86_64_ (4 CPU)
12:00:42 AM IFACE rxpck/s txpck/s rxkB/s txkB/s rxcmp/s txcmp/s rxmcst/s %ifutil
12:10:42 AM    lo    0.00    0.00    0.00    0.00    0.00    0.00    0.00    0.00
12:10:42 AM    eth0  114.65  105.28  10.25  281.74  0.00    0.00    0.00    0.00
12:20:42 AM    lo    0.00    0.00    0.00    0.00    0.00    0.00    0.00    0.00
12:20:42 AM    eth0  108.14  95.00   9.90   258.26  0.00    0.00    0.00    0.00
12:30:42 AM    lo    0.00    0.00    0.00    0.00    0.00    0.00    0.00    0.00
12:30:42 AM    eth0  113.07  114.81  12.29  286.93  0.00    0.00    0.00    0.00
```